Thorsten Köhler

Tourismus als Teil von Städtepartnerschaften

Beispiele zweier deutscher Städte und ihrer Partner im Ausland

Thorsten Köhler

Tourismus als Teil von Städtepartnerschaften

Beispiele zweier deutscher Städte und ihrer Partner im Ausland

Diplom.de

Bibliografische Information der Deutschen Nationalbibliothek:

Bibliografische Information der Deutschen Nationalbibliothek: Die Deutsche Bibliothek verzeichnet diese Publikation in der Deutschen Nationalbibliografie; detaillierte bibliografische Daten sind im Internet über http://dnb.d-nb.de/ abrufbar.

Druck und Bindung: Books on Demand GmbH, Norderstedt Germany
ISBN: 978-3-95636-666-6

http://www.diplom.de/e-book/274289/tourismus-als-teil-von-staedtepartnerschaften

Zusammenfassung

Die vorliegende Bachelorarbeit verschafft einen Überblick über die Geschichte städtepartnerschaftlicher Beziehungen und untersucht, welchen Einfluss Städtepartnerschaften auf den Tourismus der beteiligten Städte haben. Der historische Überblick bezieht sich vorwiegend auf Deutschland und Europa und beschreibt die dortige Entwicklung sowie die Organisation städtepartnerschaftlicher Verbindungen.

Es werden beispielhaft die Städtepartnerschaften Mainz-Watford sowie Wiesbaden-Tunbridge Wells betrachtet, für deren Untersuchung Experten aus den jeweiligen Städten befragt wurden. Diese Experteninterviews dienen der Beantwortung der im Vorfeld aufgestellten Hypothesen sowie der Leitfrage.

A Inhaltsverzeichnis

B Literaturverzeichnis

C Anhang

1. Einleitung

Wird man aufgefordert, alle Partnerstädte der eigenen Heimatstadt aufzuzählen, kommen wohl die meisten ins stocken. Vielleicht hat man von zwei oder drei schon mal auf den obligatorischen Begrüßungsschildern am Stadteingang gelesen. Vielleicht aber auch nicht und man kann keine einzige benennen. Dass dies bei zu vielen Leuten der Fall sei, wird immer wieder von denjenigen beklagt, die sich um die stadteigenen Städtepartnerschaften kümmern. Schaut man sich allerdings die Aktivitätenlisten der Partnerschaftsvereine mal genauer an, kommt man zu dem Schluss, dass der Bekanntheitsgrad gar nicht so klein sein kann. Denn eine Städtepartnerschaft beruht nicht nur auf ein paar Brieffreundschaften, jährlichen Weihnachtsgrüßen und einem gelegentlichen Besuch des Bürgermeisters in der Partnerstadt. Sondern es beteiligen sich an den städtepartnerschaftlichen Aktivitäten auch viele Schulen, Musikvereine, Sportclubs, u.v.m. Sie hinterlassen den Eindruck, dass durch die regelmäßigen Besuche, von denen zu lesen ist, ein reger Tourismus zwischen den Städten stattfindet, welcher sich auch auf die ansässige Tourismusindustrie positiv auswirken könnte.

Da LEGENDRE (2006: 87) der Meinung ist, „that the tourism industry does not benefit significantly from town twinning“, soll in dieser Bachelorarbeit geklärt werden, ob dies wirklich der Fall ist und wie sich Städtepartnerschaften auf den Tourismus der beteiligten Städte tatsächlich auswirken. Dies geschieht unter der Leitfrage „Wie beeinflussen Städtepartnerschaften den Tourismus in den Partnerstädten?“. Zur Veranschaulichung sollen dabei zwei Partnerschaften genauer betrachtet werden. Dies sind die Partnerschaften zwischen Mainz und Watford sowie zwischen Wiesbaden und Royal Tunbridge Wells, wobei beide Partner der deutschen Städte im Umland der englischen Hauptstadt London liegen.

Zunächst soll diese Arbeit einen Überblick von der historischen Entwicklung des Phänomens der Städtepartnerschaften geben, bevor organisatorische und strukturelle Eigenschaften solcher Verbindungen beschrieben werden. Im weiteren Verlauf werden die ausgewählten Partnerschaften vorgestellt sowie das methodische Vorgehen bei den Interviews wie auch bei der Auswertung erläutert. Daran schließt sich die qualitative Auswertung an, welche die Leitfrage beantworten sowie zu einem schlüssigen Fazit führen soll.

Diese Arbeit wird sich vor allem in ihrem theoretischen Teil bei der allgemeinen Beschreibung von Städtepartnerschaften überwiegend auf Deutschland beziehen. Das liegt zum Einen daran, dass es einfacher und schlüssiger ist, sich bei der Beschreibung und bei Beispielen auf ein Land zu beschränken, und weil – und das ist der entscheidende Punkt –

Deutschland als Ausgangspunkt der Städtepartnerschaftsbewegung gesehen werden kann und daher bei der historischen Entwicklung von enormer Bedeutung ist.

2. Die Idee der Städtepartnerschaft

Um deutlich zu machen, was sich genau hinter dem Begriff „Städtepartnerschaft" verbirgt, ist es wichtig, dies vorab zu klären. Ebenso gilt es, die historische Entwicklung der Partnerschaften zu schildern und einen Überblick über die Organisation, von der Auswahl eines Partners bis hin zu der Pflege der Partnerschaft, zu vermitteln.

2.1 Definition des Begriffs

Betrachtet man die aktuelle Literatur, scheint der Begriff „Städtepartnerschaft" zwar der gängigste und bekannteste zu sein, dennoch ist er laut FIEBER (1994: 25) nicht ganz korrekt. Sinnvoller sei es, von „Gemeindepartnerschaften" zu sprechen, da diese auch die Partnerschaften der Dörfer mit einschließen würden. Da in dieser Arbeit aber zwei Partnerschaften von kommunalrechtlichen Städten (Mainz und Wiesbaden) untersucht und dabei eine Angleichung an die allgemeine Literatur eingehalten werden soll, wird hier weiterhin von „Städtepartnerschaften" die Rede sein.

In deutschen sowie französischen Texten ist stets die Rede von Partnerschaften, aber in anderen Sprachräumen werden unterschiedliche Begriffe zur Beschreibung solcher Städteverbindungen genutzt. Während die Briten von Zwillingsstädten („Town Twinning") reden, sehen die US-Amerikaner darin eher eine schwesterliche Verbindung („Sister Cities"). In der russischen Sprache ist der Bezug zu Städtepartnerschaften eher männlich, da in diesem Zusammenhang das russische Wort für Bruder („pobratimy") verwendet wird. (JOENNIEMI und SERGUNIN 2011b: 232)

Eine offizielle Definition für „Städtepartnerschaft" lässt sich noch nicht finden. Viele europäische Organisationen, die sich um kommunale Verbindungen kümmern[1], nutzen dies,

[1] Diese Organisationen werden in Kapitel 2.4 näher beschrieben.

um eigene, eurozentrische Definitionen zu verbreiten. JOENNIEMI und SERGUNIN (2011a: 122) definieren dies etwas allgemeiner:

> „the term `twin cities´ has been employed to connote cooperative agreement between cities, towns and even counties which are not neighbours but located at a considerable distance and even in separate countries to promote economic, commercial and cultural ties [...]. Most town twinning unfolds between cities facing similar social, economical and political situations or sharing historical links."

Demgemäß werden Partnerschaften auf freiwilliger Basis zwischen Städten und Kommunen geschlossen, die eine größere geographische Entfernung aufweisen, nach Möglichkeit in zwei unterschiedlichen Ländern liegen und auf verschiedenen Ebenen Gemeinsamkeiten aufweisen. Neben dem Kulturaustausch versprechen sich die Städte und Kommunen auch politische sowie wirtschaftliche Effekte durch den Austausch zwischen Schulen, Firmen, Vereinen, usw..

2.2 Motive für die Aufnahme von Partnerschaften

Während der Nachkriegszeit des Zweiten Weltkrieges waren viele Städte darum bemüht, die Kriegsfolgen zu bereinigen und etwas zur europäischen Integration beizutragen. Dafür sahen sie, inspiriert durch erste Beispiele, die Partnerschaften auf kommunaler Ebene als geeignetes Mittel an. Sie gingen dafür kulturelle Kooperationen ein und versuchten, bestehende Vorurteile abzubauen und eine allgemeine Horizonterweiterung zu fördern. Neben den Prozessen der Völkerverständigung, versprachen sich die Städte durch das Eingehen einer Partnerschaft aber auch diverse „Prestige- und Selbstdarstellungsanliegen" (GRUNERT 1981: 154) zu befriedigen.

Generell spielen bei der Auswahl der Partnerstadt verschiedene Gründe und Motive eine Rolle. Vor allem zu Beginn der Partnerschaftsbewegung, als sich die meisten Verbindungen dieser Art noch auf Europa beschränkten, war eine Gemeinsamkeit bzw. Ähnlichkeit zwischen den Städten von Wichtigkeit. GRUNERT (1981: 158f), der vor allem deutsch-französische Verbindungen betrachtet, sieht die Gemeinsamkeiten in historischer Betrachtung als entscheidenden Punkt. So sind bspw. die ehemaligen Krönungsstädte Aachen und Reims Partnerstädte sowie Fulda und Arles, die als traditionelle Bischofssitze bekannt sind.

Aber auch ökonomisch-touristisch ähnliche Städte finden oft in Form einer Partnerschaft zueinander. Ein Beispiel dafür ist die Partnerschaft zwischen Hamburg und Marseille, da beide Städte maßgebend durch ihren Hafen geprägt werden und diesbezüglich ähnliche Erfahrungen machen. Besteht bei den Städten ein Interesse, wirtschaftliche Vorteile aus einer Partnerstadt zu schöpfen, dann liegen diese überwiegend im direkten sowie indirekten touristischen Sektor. Außerhalb dieses Bereichs sind es höchstens die ansässigen Firmen, die bspw. Kooperationen wie Praktikantenprogramme oder Firmenaustausche mit Unternehmen aus der Partnerstadt eingehen und sich dadurch eine wirtschaftliche Wertschöpfung versprechen.

Im Laufe der Zeit haben sich die Motive für die Städtepartnerschaftsaufnahme und der Auswahl der Partner erheblich gewandelt. Während in den ersten Jahren vor allem die Völkerverständigung im Vordergrund stand, ist heute das allgemeine „kulturelle Interesse der Bürger am anderen Land" (FIEBER 1994: 31) von größerer Bedeutung. Waren es zu Beginn vor allem ehemalige Kriegsteilnehmer, die an Austauschprogrammen teilnahmen, ist es heute die Jugend, die immer mehr in diese Programme mit einbezogen wird und von den Partnerschaften profitiert.

Betrachtet man andere Länder, finden sich noch weitere Motive für das Eingehen von Städtepartnerschaften. Da die Bundesrepublik Deutschland die DDR nicht als eigenen Staat anerkennen wollte und bei anderen Staaten damit auf Uneinsichtigkeit stoß, gab es einige kommunistisch regierte Gemeinden in Frankreich und Italien, die Partnerschaften mit Städten in der DDR eingingen, um ihre Meinung „politisch zu unterstreichen" (FIEBER 1994: 31). Aber auch die Bundesrepublik nahm Partnerschaften mit Gemeinden aus dem Ostblock auf. Jedoch gab es bei diesen lediglich gegenseitige Besuche der Stadtvertretungen, da ein Austausch der Bevölkerung an Reisebeschränkungen und finanziellen Schwierigkeiten scheiterte (vgl. FIEBER 1994: 31). Mit dem Ende des Kalten Krieges entwickelten sich auch einige Partnerschaften zwischen US-amerikanischen sowie ehemals sowjetischen Städten. Die Amerikaner hatten bei der Aufnahme dieser Verbindungen insbesondere die Absicht, beginnende Demokratiebewegungen zu unterstützen.

Aber auch die gegenseitige Hilfe zwischen den Partnern hat schon immer eine Rolle gespielt. Nach Kriegsende waren es vor allem die deutschen Städte, die Hilfe bei der Beseitigung der Kriegsfolgen von ihren Partnern aus ehemals alliierten Staaten erfuhren. Später haben sich die Verhältnisse auf ein gleichwertiges Niveau angeglichen, sodass sich die Hilfe heute auf die Bewältigung von Naturkatastrophen o. ä. beschränkt. Partnerschaften werden aber auch zwischen Städten aus Industrienationen und Städten aus ärmeren Ländern, bzw. Dritte-Welt-Ländern, geschlossen. In dem Fall wurden die Partnerschaften meistens mit der Absicht einseitiger Hilfe eingegangen und dienen damit auch der Entwicklungshilfe. Ein Beispiel dafür bietet die Stadt Wiesbaden, die seit 1990 eine Städtepartnerschaft zu Ocotal in Nicaragua unterhält und durch verschiedene Projekte versucht, ihrem zentralamerikanischen Partner zu helfen. Unter anderem wird jungen Menschen aus Wiesbaden zwischen 18 und 25 Jahren die Möglichkeit geboten, für zwölf Monate nach Ocotal zu gehen, um dort im Rahmen eines Freiwilligen Sozialen Jahres, Entwicklungshilfe zu leisten. (Stadt Wiesbaden o. J.)

2.3 Organisation einer Partnerschaft

Ins Leben gerufen wird eine Partnerschaft, wenn entweder der Bürgermeister selbst oder aber auch eine Privatperson aus den bereits geschilderten Motiven eine Partnerschaft mit einer bestimmten Stadt für angemessen hält. Sieht die Stadtverwaltung das ähnlich, wird geprüft, wie die Reaktionen dazu in der Bevölkerung sind und ob es genügend potentielle Interessenten für Aktivitäten, Austausche, usw. gibt. Ist das der Fall, wird Kontakt zum Wunschpartner aufgenommen, der ebenfalls zunächst einige Parameter klären muss, bevor die ersten Treffen mit Vertretern beider Städte stattfinden.

Sind sich die beiden Städte bzw. Kommunen darüber einig geworden, eine Partnerschaft einzugehen, bzw. erachten es als vorteilhaft, eine schon länger bestehende Freundschaft zu einer Partnerschaft aufzuwerten, wird von beiden Seiten eine Partnerschaftsurkunde unterschrieben, welche auf unbestimmte Zeit gültig sein soll. Diese Ehre steht meistens den Bürgermeistern der Städte zu und soll auch dazu dienen, die Erwartungen und Ziele der Partnerschaft festzuhalten. Über allem soll jedoch die Freundschaft und Völkerverständigung stehen, welche durch verschiedene Projekte, besonders Austausche, gefördert werden kann. Laut ZELINSKY (2010: 3) zählen dazu unter anderem folgende Aktivitäten:

> “athletic and musical events; visits by theatrical groups, craft persons, hobbyists, dancers, […] language instruction; the staging of festivals and trade fairs; […] exchanges of letters, publications, schoolchildren, college students, war veterans, and members of professional organizations”.

Oftmals bilden sich zu Partnerschaften durch Initiativen aus der Bevölkerung so genannte Partnerschaftsvereine. Diese „übernehmen die organisatorischen Funktionen zur Pflege der

Partnerschaften. Daneben bieten sie zusätzlich eigene Veranstaltungen für ihre Mitglieder an" (FIEBER 1994: 136). Die Mitglieder sind zum Einen die Bewohner der Gemeinden, die an der Pflege einer Partnerschaft interessiert sind und sich daran aktiv beteiligen wollen und zum anderen ganze Vereine, die meist aus dem sportlichen, musischen, o. ä. Bereichen kommen. Aber auch Schulen organisieren über die Partnerschaftsvereine ihre Austausche in die Partnerstadt.

Finanziert werden die Austausche in der Regel von den Teilnehmern selber. Dies ist vor allem dann der Fall, wenn kein Partnerschaftsverein vorhanden ist. Gezeigt hat das ein Interview mit Partnerschaftsbeauftragten der Stadt Wiesbaden, in dem es vornehmlich um die Partnerschaft zu Tunbridge Wells ging[2]. Zu der Finanzierung wurde dort gesagt, dass lediglich die Partnerschaftsvereine Fördergelder für Austausche o. ä. beantragen können, jedoch nicht die Sportvereine oder Schulen. Voraussetzung für die Bewilligung der Fördergelder ist eine rege Teilnahme an von der Stadt organisierten Aktivitäten.

Wie in vielen Bereichen des Lebens können auch Städtepartnerschaften zu Ende gehen, indem sich die Verantwortlichen aus den verschiedensten Gründen dazu entschließen, eine Beziehung zu einer Partnerstadt abzubrechen. Laut FIEBER (1994: 78) kann das u. a. daran liegen, dass zu starke Vorurteile und Abneigungen gegenüber einem Partner bestehen, sodass kein Interesse an einer Aufrechterhaltung der Beziehung besteht. Bei der Bekanntgabe des Abbruchs einer Partnerstadt werden meist andere Gründe vorgeschoben. Neben reinem Desinteresse können aber internationale Krisen die städtepartnerschaftlichen Beziehungen beeinflussen. Vor allem in England sei wieder eine spürbare Europaskepsis vorhanden, wie TRENTMANN (2011) in Die Welt zu berichten weiß. Ihm zufolge haben schon mehrere, insbesondere kleinere, britische Städte ihre Partnerschaften zu Kontinentaleuropa gekappt. Als Beispiele führt sie Bishop's Stortford, Doncaster und Wallingford an, die hauptsächlich Verbindungen nach Deutschland und Frankreich unterhielten und diese jetzt nach mehreren Jahrzehnten aufgegeben haben. Als Grund zitiert TRENTMANN den Parlamentarier Denis MacShane von der Labourpartei, der aufkommenden Fremdenhass in der britischen Gesellschaft, beflügelt durch die Anti-Europa-Ideologie des Premiers David Cameron, als verantwortlich für diese Entwicklung sieht.

[2] Vgl. Interview Rathaus Wiesbaden, Anhang S. 50f.

2.4 Trägerorganisationen

In manchen Fällen finden Städte nicht selber zueinander, sondern lassen sich bei der Suche nach einem geeigneten Partner von Trägerorganisationen helfen. Diese sollen im nächsten Kapitel vorgestellt werden.

2.4.1 Internationale Bürgermeister Union

Die Internationale Bürgermeister Union (IBU) war die erste bedeutende Trägerorganisation für partnerschaftliche Zusammenarbeit in der Nachkriegszeit des Zweiten Weltkrieges. Gegründet wurde sie 1950 in Stuttgart von deutschen und französischen Bürgermeistern und im folgenden Jahr mit der Integration von Vertretern aus weiteren Staaten in ihren endgültigen Namen „Internationale Bürgermeister-Union für deutsch-französische Verständigung und europäische Zusammenarbeit" umbenannt (GRUNERT 1981: 58). Die Ziele und Tätigkeiten der IBU bestanden aus folgenden Punkten:

> „die dauerhafte Verständigung zwischen Deutschland und Frankreich, der europäische Zusammenschluß, die Sicherung des Friedens, die Wahrung der persönlichen Freiheit und die Wahrung der Menschenrechte" (FIEBER 1994: 19).

Im Jahr 1988 löste sich die Internationale Bürgermeister Union auf, wurde aber als deutsch-französischer Ausschuss in den RGRE (vgl. Kapitel 2.4.2) integriert.

Da die IBU in der historischen Entwicklung der Städtepartnerschaften eine entscheidende Rolle spielt, wird sich im Kapitel 2.2 nochmals näher und ausführlicher mit ihr befasst.

2.4.2 Rat der Gemeinden und Regionen Europas

Der Rat der Gemeinden und Regionen Europas (RGRE) ist eine Organisation, die sich um alle Angelegenheiten der Gemeinden und Regionen der EU und um die außerhalb der Grenzen der Europäischen Union liegenden Regionen kümmert. Insgesamt repräsentiert der RGRE 150.000 Gebietskörperschaften aus 41 europäischen Ländern (RGRE o. J.).

Die Anfänge des RGRE gehen bis ins Jahr 1951 zurück (CLARKE 2011: 117). Ähnlich wie andere Organisationen wurde die RGRE von französischen und deutschen Bürgermeistern, damals noch unter dem Namen „Rat der Gemeinden Europas" (RGE), in Genf gegründet um

Annäherungsversuche der beiden Länder voranzutreiben. 1984 wurde durch eine Namensänderung der Bezug zu den Regionen Europas deutlich gemacht (RGRE o. J.). Seinen Sitz hat der RGRE in Paris, ein Büro in Brüssel sowie eine „Deutsche Sektion“ (RGRE o. J.) mit Sitz in Frankfurt am Main.

Wie jede Organisation, verfolgte auch die RGE von Anfang an bestimmte Ziele bei der Bildung von Partnerschaften. Neben der Schaffung einer europäischen Einheit, sollte hauptsächlich die christliche Zivilisation gegen dem Kommunismus verteidigt werden, was laut CLARKE (2011: 117) in erster Linie durch „ritual oath taking“ während christlicher Zeremonien geschah.

2.4.3 Fédéation Mondiale des Villes Jumelées

Im Gegensatz zur IBU und zum RGRE hat es sich die 1957 in Aix-les-Bains gegründete Fédéation Mondiale des Villes Jumelées (FMVJ) zum Ziel gesetzt, Gemeinden aus West- und Osteuropa partnerschaftlich miteinander zu verbinden (FIEBER 1994: 21). Dies galt bereits während des Kalten Krieges und soll auch heute noch zur Entspannung zwischen den beiden Seiten dienen. In der FMVJ kann jede Stadt oder Gemeinde Mitglied werden, egal welcher politischen Orientierung sie angehört. Auch wenn die Organisation versucht, sich nicht in politische Systeme einzumischen, tritt sie dennoch für demokratisches Handeln sowie eine Stärkung von Kommunalautonomie ein. GRUNERT (1981: 67) zeigt das an einem Beispiel mit der südafrikanischen Metropole Kapstadt, welche einen Mitgliedschaftsantrag gestellt hatte, welcher von der FMVJ abgelehnt wurde. Begründet wurde dies mit der Rassendiskriminierung der südafrikanischen Regierung. Jedoch wurde die Mitgliedsstadt Nizza, welche zu diesem Zeitpunkt bereits eine Partnerschaft zu Kapstadt unterhielt, nicht aufgefordert, diese abzubrechen, da dies allein die Entscheidung der Stadt sei.

2.4.4 Weitere Trägerorganisationen

Die bereits vorgestellten Trägerorganisationen stellen nur einen kleinen, dafür aber in ihrer historischen Betrachtung wichtigen Teil der heutigen Bandbreite von Organisationen dar, die sich um Städtepartnerschaft kümmern. Neben weiteren hauptsächlich auf den europäischen Raum konzentrierte Verbände, gibt es auch immer mehr Organisationen, die sich auf andere Regionen der Welt konzentrieren, oder aber global agieren.

Dazu zählen zum Beispiel die Organisation „Sister Cities International“ (SCI), welche 1967 gegründet wurde und auf das 1956 von US-Präsident Dwight Eisenhower ins Leben gerufene „Sister City Programme“ zurückgeht (KÖHLE 2005:10). Betreut werden vor allem die weltweiten Partnerschaften US-amerikanischer Städte, wobei sich an folgenden Grundsatz bzw. Leitidee gehalten wird:

> „Sister Cities International helps advance peace and prosperity through cultural, educational, humanitarian, and economic development efforts, and serves as a hub for institutional knowledge and best practices to benefit citizen diplomats" (SCI 2012).

Zwar haben viele Organisationen in ihrer Agenda stehen, dass ein Ziel die Bildung von Städtepartnerschaften sein soll, jedoch steht diese Intention nicht immer an erster Stelle. Viel mehr wollen sie andere Ziele erreichen, bei deren Verwirklichung Städtepartnerschaften lediglich ein Mittel zum Zweck darstellen. Ein Beispiel für solch eine Organisation ist die „United Cities and Local Governments“ (UCLG), welche im Mai 2004 "through the joining of the United Towns Organisation (UTO), the International Union of Local Authorities (IU-LA) and Metropolis" (DE VILLIERS 2005: 63) gebildet wurde. Die UCLG, die nach eigener Aussage über die Hälfte der Weltbevölkerung repräsentiert, setzt sich unter anderem für einen Bedeutungsgewinn von lokalen Regierungen und für weitreichende Demokratiebewegungen ein. Städtepartnerschaften werden auf dieser Ebene gefördert, dienen aber „nur“ als Hilfe zum Erreichen der Ziele (vgl. UCLG o. J.).

2.5 Historische Entwicklung

Im 21. Jahrhundert ist es für die Metropolen dieser Welt selbstverständlich, partnerschaftliche Beziehungen zu Städten ihresgleichen im Ausland zu führen und die Verbindung als offizielle Städtepartnerschaft urkundlich festzuhalten. Dass Städte wie New York City oder Rom heute mit Metropolen wie London oder Tokio bzw. Paris oder Peking partnerschaftlich verbunden sind, scheint da nur selbstverständlich zu sein. Doch in der historischen Betrachtung der Städtepartnerschaften spielen diese Verbindungen keine tragende Rolle. Stattdessen tauchen dort eher Städtenamen wie Montbéliar, Hannover oder Ludwigsburg auf (GRUNERT 1981: 58).

Es gibt zwar Verbindungen zwischen Städten, die sich bis ins Mittelalter oder sogar noch weiter zurückverfolgen lassen, diese sind aber keine Partnerschaften wie die des 21. Jahrhunderts. Ein Großteil der heutigen Städtepartnerschaften sind infolge des Zweiten Weltkrieges geschlossen worden, um die zwischenstaatlichen Beziehungen zu festigen bzw. neu aufzubauen. Vielfach wird in der Literatur davon gesprochen, dass Städtepartnerschaften ein Produkt der Nachkriegsgeschichte seien (vgl. GRUNERT 1981: 56) und vorher lediglich Freundschaften und Patenschaften zwischen Städten geschlossen wurden. Diesen Punkt gilt es an dieser Stelle richtig zu stellen, denn auch vor dem Zweiten Weltkrieg wurden bereits vereinzelte Partnerschaften urkundlich besiegelt. Ein Beispiel dafür ist die Partnerschaft zwischen Wiesbaden und Klagenfurt aus dem Jahr 1930. Diese ist, laut der offiziellen Homepage der Stadt Klagenfurt (o.J.), sogar die älteste Städtepartnerschaft der Welt.

Letztendlich war es der Zweite Weltkrieg mit seinen Folgen, der bei vielen den Wunsch und die Sehnsucht nach mehr Zusammenhalt und gegenseitiger Unterstützung aufkommen ließ. Insbesondere zwischen Deutschland und den Siegermächten England und Frankreich war das Verhältnis zerrüttet wie selten zuvor. In beiden Ländern gab es in den Nachkriegsjahren Bestrebungen zur Verbesserung des Verhältnisses zu Deutschland, die zwar unterschiedlich aufgebaut wurden, sich aber durch den Leitgedanken, „daß eine Verständigung zwischen den Bevölkerungen verschiedener Staaten ein wirksames Mittel zur Verhinderung kriegerischer Katastrophen darstellen könnte" (GRUNERT 1981: 56) vereint sahen. Anders als in den Jahren zwischen dem Ersten und Zweiten Weltkrieg, „in denen sich nur die zwischenstaatlichen Institutionen um eine internationale Verständigung bemüht hatten, sollte nun die Bevölkerung der Nationen mit in die Verständigungsarbeit einbezogen werden" (FIEBER 1994: 17). Da Deutschland zu dieser Zeit kein eigenständig funktionierender Staat war, galten zu jenem Zeitpunkt die Kommunen und Gemeinden als am besten geeignete Basis für die Etablierung von Maßnahmen zur Völkerverständigung.

Besonders bemüht um eine nachhaltige Völkerverständigung, zur Sicherung des Friedens in Europa, waren der Schweizer Schriftsteller Eugen Wyler sowie der Professor Hans Zbinden, die „die Verständigung von Deutschland und Frankreich [...] als die Grundvoraussetzung zu einer europäischen Integration" (FIEBER 1994: 17) sahen. Ihren Bemühungen ist es zu verdanken, dass im Juni 1948 ein Treffen deutscher und französischer Bürgermeister in der Schweiz stattfand, das dem „Ziel zugrunde lag, auf der Basis einer kommunalen Zusammenarbeit zu einer dauerhaften Aussöhnung zwischen Frankreich und Deutschland zu gelangen" (GRUNERT 1981: 56). Zwar war zu diesem Zeitpunkt noch nicht die Rede von

Städtepartnerschaften und direkten Beziehungen zwischen deutschen und französischen Kommunen, dennoch war man sich einig, es nicht bei einem einmaligen Treffen zu belassen. Daher wurde ein Informations- und Verbindungsbüro eingerichtet, das unter der Leitung von Eugen Wyler bereits im Juni 1949 zur nächsten Konferenz deutscher und französischer Bürgermeister einlud (GRUNERT 1981: 57). Während auf dieser erstmalig über den Austausch von Personen und Informationen zwischen deutschen und französischen Kommunen entschieden wurde, war es die darauf folgende Konferenz im März 1950 in Stuttgart, auf der die Bürgermeister einen entscheidenden Schritt in Richtung deutsch-französische Städtepartnerschaften unternahmen. Die 20 französischen und 28 deutschen Gemeindevorsteher gründeten „Die Internationale Union von Bürgermeistern zur deutsch-französischen Verständigung“ (FIEBER 1994: 18), die im folgenden Jahr, mit dem Einladen von Bürgermeistern aus weiteren Ländern, zu „Internationale Bürgermeister-Union für deutsch-französische Verständigung und europäische Zusammenarbeit (IBU)“ (GRUNERT 1981: 58) umbenannt wurde. Mit der Gründung dieser Union, die in der Folge alle ein bis zwei Jahre tagte, wurde auch vereinbart, dass ein grenzüberschreitender Austausch der Bürger durch Partnerschaften strukturell ähnlicher Städte stattfinden soll (vgl. GRUNERT 1981: 58). Und bereits 1950, im Gründungsjahr der IBU, konnte die erste deutsch-französische Städtepartnerschaft besiegelt werden. Nach mehreren ersten Kontaktgesprächen sowie gegenseitigen Besuchen, entschlossen sich die Repräsentanten der Städte Ludwigsburg und Montbéliard (im deutschen Mömpelgard gennant), die Partnerschaftsurkunde zu unterschreiben. In den folgenden Jahren sind weitere deutsche Städte französische Partnerschaften eingegangen; mit dabei waren unter anderem Celle – Meudon, Heidelberg – Clichy, Ettlingen – Epernay, uvm. (vgl. GRUNERT 1981: 58). Nur kurze Zeit nachdem die IBU ins Leben gerufen wurde, gründeten sich weitere Trägerorganisationen, wie der RGE (Rat der Gemeinden Europas) oder die UTO (United Towns Organisations), welche zunächst meist einen Bezug zu Deutschland oder Frankreich aufwiesen.

Allerdings waren die deutsch-französischen Annäherungen auf Initiative der IBU nicht die ersten Aussöhnungsversuche in Europa. Denn unmittelbar nach Kriegsende bemühten sich einige britische Städte um Partnerschaften im Ausland, zunächst besonders mit Kontakten in die Niederlande. Doch bereits 1947 war es die Stadt Bristol, die als erste den Schritt wagte, mit Hannover eine Partnerschaft im Land des ehemaligen Feindes aufzunehmen (CREMER et al. 2001: 380). Ins Leben gerufen wurde diese von dem deutschstämmigen August Closs, der als Professor an der Bristol University lehrte, und über diesen Weg der deutschen Bevölkerung bei der Bewältigung der Kriegsfolgen helfen wollte. Für die „sacks of food and clothes [which] were sent as relief goods from Bristol to Hannover“ (CREMER at al. 2001: 380), bedankten sich die Hannoveraner Schüler, die in erster Linie von der Hilfe profitierten, mit musikalischen Darbietungen. Später entstand daraus die „Operation scholar“, welche mittlerweile über 20.000 jungen Menschen einen Austausch ins Partnerland ermöglicht hat (CREMER at al. 2001: 380). Neben dieser Eintracht entstanden in den Jahren danach weitere deutsch-britische Partnerschaften wie Bonn – Oxford, Düsseldorf – Reading, Köln – Liverpool, uvm. (vgl. CREMER et al. 2001: 380). Insgesamt sollen seit den 1950er Jahren weltweit über 11.000 Städtepartnerschaften mit Beteiligten aus aus 159 Länder entstanden sein (ZELINSKY 2010: 1).

3. Vorstellung der ausgewählten Partnerschaften

Im Folgenden werden kurz die beiden britischen Partnerstädte, Watford und Tunbridge Wells vorgestellt, ein Überblick über die historische Entwicklung sowie aktuelle Aktivitäten der Partnerschaften an sich vermittelt. Auf eine Beschreibung der Städte Mainz und Wiesbaden soll hier verzichtet werden.

3.1 Mainz – Watford

Watford ist eine Stadt vor den Toren der englischen Hauptstadt Londons. Gelegen in der Grafschaft Hertfordshire liegt sie mit ihren 81.000 Einwohnern nur ca. 32km in nordwestlicher Richtung von London entfernt (Freundschaftskreis Mainz-Watford 2013). Daher dient sie als optimaler Wohnort für Pendler, die in London arbeiten.

Neben einigen größeren Unternehmen, die in Watford ansässig sind und die für eine sehr geringe Arbeitslosenquote der Stadt sorgen, nimmt vor allem die Druckindustrie eine bedeutende Rolle ein. Diese ist auf den aus Watford stammenden William Caxton zurückzuführen, der nach dem Mainzer Vorbild Johannes Gutenberg den Buchdruck in England einführte. Diese Brücke war ein entscheidender Punkt bei der Aufnahme der Partnerschaft zwischen den beiden Städten. Abgeschlossen wurde diese 1956, wie so viele deutsch-britische Partnerschaften in den Jahren nach dem Zweiten Weltkrieg, in denen die

Partnerschaft auch die Aussöhnung zwischen den beiden Völkern unterstützen sollte (Stadt Mainz 2013).

Geprägt wird diese Verbindung vor allem durch Schüleraustausche und Kontakte kirchlicher Gemeinden. Im Interview mit Herrn E , dem Vorsitzenden des Freundschaftskreises Mainz Watford stellte sich heraus, dass die partnerschaftlichen Aktivitäten nicht besonders ausgeprägt sind und in Mainz eine höhere Beteiligung auf englischer Seite gewünscht wird.[3] Problem sei, dass es in Watford weder einen Freundschaftsverein gäbe, noch eine verantwortliche Person auf kommunaler Ebene, die sich um eben diese Angelegenheiten kümmern könnte.

3.2 Wiesbaden – Tunbridge Wells

Die Stadt Tunbridge Wells liegt im Südosten Englands in der Grafschaft Kent und ist weniger als eine Autostunde von der Hauptstadt London entfernt. Der Kurort, mit seinen knapp 100.000 Einwohnern, ist für eine Vielzahl von Gärten und Schlösser in unmittelbarer Umgebung bekannt (Stadt Wiesbaden o.J.a). Daher spielt heute auch der Tourismus eine wichtige Rolle für die Wirtschaft der Stadt.

Im Vergleich zu vielen anderen deutsch-britischen Städtepartnerschaften ist die zwischen Wiesbaden und Tunbridge Wells erst relativ spät entstanden, geschah aber dennoch vor dem Hintergrund einer Aussöhnung nach dem Zweiten Weltkrieg.

Laut einer Pressemitteilung der Royal Tunbridge Wells-Wiesbaden-Vereinigung[4] geht die Verbindung auf die Freundschaft zweier Männer zurück. Im Jahr 1959 lernte der ehemalige Fallschirmjäger Edgar Pinkert aus Wiesbaden den ehemaligen britischen Soldaten Fred Thornton kennen, der aus Tunbridge Wells stammt und sich zu diesem Zeitpunkt in Wiesbaden aufhielt. Beide vereinbarten, eine Verbindung zwischen ihren beiden Städten aufzubauen. Thornton kam nur ein Jahr später zusammen mit drei ehemaligen Kameraden aus dem Zweiten Weltkrieg, William Murray, Harold Hooker sowie Tom McAndrew, erneut in die hessische Landeshauptstadt. Die vier britischen Ex-Soldaten, die zum Ende des Krieges in Kämpfe am Rhein verwickelt waren, kamen mit einer Botschaft des Bürgermeisters der Stadt aus der Grafschaft Kent an den damaligen Wiesbadener Bürgermeister, Georg Buch, mit der

[3] Vgl. Herr E , Anhang S. 66f.
[4] Nachzulesen im Anhang S. 72f.

„Bitte für eine bessere und größere Verständigung zwischen unseren beiden Ländern“[5] zu sorgen. Dazu beabsichtigte man Freundschaften in Wiesbaden zu schließen, die dabei helfen sollten, die Wunden des Krieges zu heilen.

Schnell konnten diese Vorstellungen in die Tat umgesetzt werden und erste gegenseitige Besuche sowie Austausche organisiert werden. Bereits 1962, gerade drei Jahre nach dem ersten Treffen zwischen Edgar Pinkert und Fred Thornton, machten sich 200 ehemalige Kriegsteilnehmer aus Tunbridge Wells auf, um Wiesbaden zu besuchen und Gleichgesinnte auf deutscher Seite zu treffen. Dies hatte den gewünschten Effekt, sodass in den folgenden Jahren viele gegenseitige Besuche in den beiden Städten, vornehmlich zu besonderen Veranstaltungen wie Sportfesten oder Karneval, stattfanden. Auf dieser Grundlage wurde am 25. November 1970 von beiden Seiten eine Urkunde unterschrieben, die das Verhältnis der beiden Städte als eine offizielle Städtefreundschaft festhielt. Knapp zwei Jahrzehnte später, im Jahr 1989 (am 22. April in Tunbridge Wells und am 30. September in Wiesbaden), wurde dieser Status durch das Unterzeichnen eines Vertrages zu einer Städtepartnerschaft aufgewertet. Dies geschah laut L , Vorsitzende der Royal Tunbridge Wells-Wiesbaden-Vereinigung erst deshalb so spät, da es sich hier um eine „gewachsene Partnerschaft“[6] handelt. Bei vielen deutsch-britischen Partnerschaften geschah dieser Prozess in einer anderen Reihenfolge: Es wurde zunächst die Partnerschaft urkundlich festgehalten und infolge dessen mit einem Aussöhnungsprozess begonnen.

Heute gibt es in beiden Städten Vereine, die sich um das partnerschaftliche Miteinander kümmern und als Ansprechpartner bei gegenseitigen Austauschen o. ä. fungieren. Auf Wiesbadener Seite ist dies die bereits angesprochene Royal Tunbridge Wells-Wiesbaden-Vereinigung e.V., die 2006 gegründet wurde und sich heute unter der Federführung von L um alle partnerschaftlichen Angelegenheiten in Wiesbaden kümmert. In Tunbridge Wells übernimmt diese Rolle die Tunbridge Wells Twinning & Friendship Association (TWTFA), einem Verein von ca. 100 Mitgliedern und acht ehrenamtlich arbeitenden Vorstandsmitgliedern (P 16.07.2013). Für Wiesbaden ist die Verbindung zu Royal Tunbridge Wells nur eine von insgesamt vierzehn Städtepartnerschaften (Stadt Wiesbaden o. J.c). Tunbridge Wells hingegen hat keine weiteren Partnerschaften, weshalb es im Gegensatz zu Wiesbaden auch keine Verwaltung auf kommunaler Ebene gibt, sondern alles über den Partnerschaftsverein organisiert wird. In der hessischen Landeshauptstadt ist

[5] Pressemitteilung der Royal Tunbridge Wells-Wiesbaden-Vereinigung, Anhang S. 73
[6] Frau L , Anhang S. 41

der Partnerschaftsverein zwar auch hauptverantwortlich für partnerschaftliche Aktivitäten, dennoch gibt es im Rathaus eine Abteilung, die alle Partnerschaften der Stadt verwaltet und sie bei Bedarf finanziell unterstützen kann.

Gelebt wird die Partnerschaft durch eine Vielzahl von Austauschprogrammen und Aktivitäten. Neben diversen Schüleraustauschen, in die auch Praktika bei Firmen aus der Partnerstadt integriert sind, gibt es vor allem gegenseitige Besuche durch Musik- und Sportvereine. Desweiteren wird sich zu verschiedenen Veranstaltungen besucht, wie dem Karneval in Wiesbaden oder auf dem Weihnachtsmarkt in Tunbridge Wells, der an die deutsche Tradition angelehnt ist.

4. Der Einfluss auf den Tourismus

Dieses Kapitel soll den Hauptteil dieser Arbeit darstellen. Es beschäftigt sich mit dem Einfluss, den Städtepartnerschaften auf den Tourismus in den beteiligten Städten ausüben. Als Grundlage dafür sollen die geführten Experteninterviews dienen. Bevor diese analysiert werden, muss zunächst der Begriff Tourismus genauer definiert sowie die angewandte Methode und Hypothesen vorgestellt werden.

4.1 Der Begriff Tourismus

Allgemein wird unter Tourismus das Reisen an einen Ort außerhalb des eigenen Umfelds verstanden. Diese Annahme ist zwar nicht falsch, jedoch gibt es Definitionen, die den Tourismus, welcher durch das Handeln von Reisenden und Besuchern entsteht, noch genauer eingrenzen. Die wohl gängigste Definition stammt dabei von der United Nations World Tourism Organization (UNWTO):

> "A visitor is a traveller taking a trip to a main destination outside his/her usual environment, for less than a year, for any main purpose (business, leisure or other personal purpose) other than to be employed by a resident entity in the country or place visited. These trips taken by visitors qualify as tourism trips. Tourism refers to the activity of visitors" (UNWTO 2010: 10).

SCHMUDE und NAMBERGER (2010: 2) stellen darauf basierend vor allem drei Elemente in den Mittelpunkt: Durch das Reisen kommt es zu einem „Ortswechsel von Personen", welche dadurch einen „vorübergehende[n] Aufenthalt an einem Ort außerhalb der gewohnten Umgebung" erleben werden. Diese beiden Elemente setzen genauso wie das dritte und letzte Element, die „Motive des Ortwechsels", eine Freiwilligkeit voraus, da Krankenhaus- oder Gefängnisaufenthalte in diese Definition nicht mit eingeschlossen werden. Wichtig ist dabei noch anzumerken, dass „A visitor [...] is classified as a **tourist** [...] if his/her trip includes an overnight stay, or as a **same-day visitor** [...] otherwise" (UNWTO 2010: 10).

Aus der Definition der UNWTO geht hervor, dass es für Tourismus keinen bestimmten Grund einer Reise geben muss (sofern die Freiwilligkeit gegeben ist). Daher sollte an dieser Stelle bereits festhalten werden, dass jede Art von Reise im Zusammenhang mit einer Städtepartnerschaft für diese Untersuchung relevant ist, sofern sie kürzer als ein Jahr dauert. Tagesbesucher wären nach der vorgestellten Definition zwar von der Analyse auszuschließen, können aber vernachlässigt werden, da die Forschungen keinen Hinweis auf Tagesausflüge zwischen Partnerstädten ergeben haben.

Bei fast allen Städtepartnerschaften finden Austausche und Besuche statt, wodurch ein Tourismus zwischen diesen Städten entsteht, den es ohne einer Partnerschaft vermutlich nicht geben würde. Und wie bei anderen Reisen auch, geben die Besucher bei ihrem Aufenthalt in der Partnerstadt Geld aus, das der ansässigen (Tourismus-) Ökonomie zugute kommt. Neben diesen monetären Effekten lassen sich durch Tourismus jeder Art weitere Auswirkungen, wie die zu den intangiblen Effekten zählenden „Image- oder Kompetenzeffekte" (SCHMUDE und NAMBERGER 2010: 87) feststellen. Desweiteren zählen zu den allgemein bekannten Auswirkungen durch Tourismus ökologische sowie soziokulturelle Effekte. Bei der Untersuchung der Städtepartnerschaften zwischen Mainz und Watford sowie Wiesbaden und Tunbridge Wells wird der Fokus auf die ökonomischen Effekte gelegt.

4.2 Die Interviews

Bei der Durchführung von Interviews ist die Einhaltung bestimmter Vorgehensweisen essentiell, um brauchbare und verwertbare Ergebnisse zu bekommen. Dies bezieht sich einmal auf das Interview selber, als auch auf die Auswertung später. Außerdem dienen Interviews der Untersuchung von bestimmten Hypothesen, die mit dem Thema zusammenhängen und der Beantwortung der Forschungsfrage helfen sollen.

4.2.1 Anmerkung zur Methode

Bereits sehr früh bei der Datenerhebung wurde festgestellt, dass es bei diesem Thema sehr schwer ist, mit einer quantitativen Analyse Ergebnisse zu erzielen. Besonders interessant wären zum Beispiel Zahlen von jährlichen Hotelübernachtungen, Museumsbesuchen oder weiterer Einrichtungen in Mainz, die dem direkten oder indirekten Tourismussektor zuzurechnen sind, durch britische Touristen aus Watford. Dazu liegen jedoch keinerlei Statistiken vor und können für diese Arbeit auch nicht erhoben werden, da dies den Rahmen einer Bachelorarbeit sprengen würde.

Stattdessen wird die empirische Forschungsmethode des Leitfadeninterviews zur qualitativen Auswertung angewandt, wobei „das Wissen von Experten über einen bestimmten […] Sachverhalt erschlossen werden soll“ (GLÄSER und LAUDEL 2010: 12). Um trotz der fehlenden quantitativen Erhebung einige Zahlen zur Auswertung zu bekommen, wurden die Experten u. a. zu Teilnehmerzahlen, Anzahl von Fahrten, usw. befragt. Die daraus resultierenden Ergebnisse müssen jedoch vorsichtig betrachtet werden, da es sich bei ihnen nicht um statistisch erhobene Werte handelt, sondern meist vom Experten geschätzt oder selber in Erfahrung gebracht wurden. Daher lassen sich mit diesen Ergebnissen keine eindeutigen Schlüsse ziehen; sie dienen viel mehr dazu, die qualitative Auswertung zu unterstützen.

Im Folgenden werden die methodischen Vorgehensweisen sowohl beim Interview als auch bei der Auswertung der Ergebnisse beschrieben.

4.2.1.1 Methodisches Vorgehen bei den Interviews

Wird sich für eine qualitative Analyse von Experteninterviews als empirische Forschungsmethode entschieden, gilt es zunächst, Interviewpartner zu finden, die in der Lage sind, die Rolle des Experten einzunehmen.

> „Eine Person wird im Rahmen eines Forschungszusammenhangs als Experte angesprochen, weil wir […] annehmen, dass sie über ein Wissen verfügt, dass sie zwar nicht notwendigerweise alleine besitzt, das aber doch nicht jedermann in dem interessierenden Handlungsfeld zugänglich ist“ (MEUSER und NAGEL 2009: 467).

Dementsprechend wurden bei dieser Arbeit Personen als Interviewpartner ausgewählt, die als „aktive[...] Partizipanten in kommunalen Angelegenheiten" (MEUSER und NAGEL 2009: 468) oder als Vorsitzende eines Partnerschaftsvereins tiefe Einblicke in die Strukturen und Auswirkungen der von ihnen betreuten Partnerschaften haben und somit ausgeprägtes Kontextwissen besitzen.

Stehen die Interviewpartner fest, müssen die Interviewleitfäden konzipiert werden. Dabei muss zu Beginn immer eine Untersuchungsfrage, in diesem Fall die Leitfrage, stehen, denn „ohne eine Untersuchungsfrage geriete man sofort in Schwierigkeiten" (GLÄSER und LAUDEL 2010: 63). Weiter müssen Hypothesen formuliert werden, die sich auf das aktuelle Wissen des Forschungsfeldes, das sich der Interviewer angeeignet hat, beziehen. Diese dienen zunächst dazu, die Vorannahmen des Autors zu stützen oder gegebenenfalls zu widerlegen und im weiteren Verlauf auch der Beantwortung der Leitfrage. Steht der Leitfaden, kann das Interview durchgeführt werden. Es ist wichtig zu beachten, dass die Fragen des Leitfadens fast nie den festen Rahmen eines Interviews darstellen. In der Regel ergeben sich immer neue Fragen durch den Gesprächsverlauf, genauso wie andere Fragen dadurch wegfallen.

4.2.1.2 Methodisches Vorgehen bei der Auswertung

Ist das Interview durchgeführt, muss dieses für die spätere Analyse transkribiert werden. Da eine Vielzahl von verschiedenen Transkriptionsregeln zur Verfügung stehen, muss zunächst geklärt werden, mit welchem dieser Systeme die „Sprache in eine fixierte Form übertragen wird" (HÖLD 2009: 658). Bei der Transkription der für diese Bachelorarbeit aufgenommenen Interviews soll sich auf von HOFFMANN-RIEM (1984: 331) formulierte Regeln, welche von KUCKARTZ (2005: 46ff) nochmals genauer ausgeführt wurden, gestützt werden.

Demnach erfolgt eine Übertragung in normales Schriftdeutsch, was bedeutet, dass Laute wie „eh" oder „ehm" genauso wie Dialekte und grobe Grammatikfehler bereinigt werden. Andere sprachliche Auffälligkeiten wie Pausen oder auffällige Betonungen werden durch bestimmten Zeicheneinsatz verdeutlicht.[7] Eine genaue Transkription mit allen Lauten und sprachlichen Ungenauigkeiten ist an dieser Stelle nicht notwendig, da der Inhalt der Interviews im Vordergrund stehen soll und weniger die Aussprache und Intonation.

[7] Eine Tabelle mit den verwendeten Zeichen findet sich im Anhang vor den transkribierten Interviews.

Die Auswertung der Ergebnisse geschieht anhand einer qualitativen Inhaltsanalyse, welche sich auf das Vorgehen von GLÄSER und LAUDEL (2010: 199) stützt:

> „Wenn man eine qualitative Inhaltsanalyse durchführt, dann entnimmt man den Texten diese Daten, das heißt, man extrahiert Rohdaten, bereitet diese Daten auf und wertet sie aus. [...] Mit der qualitativen Inhaltsanalyse schafft man sich also eine von den Ursprungstexten verschiedene Informationsbasis, die nur noch die Informationen enthalten soll, die für die Beantwortung der Forschungsfrage relevant sind."

Neben der Beantwortung der Leitfrage sollen auch verschiedene Hypothesen geprüft werden, welche im nächsten Kapitel noch näher vorgestellt werden und auch der Beantwortung der Leitfrage dienen. Zur besseren Untersuchung der Hypothesen ist es ratsam, die relevanten Aussagen eines Textes, bzw. des Interviews, im Vorfeld zu extrahieren.

> „Das geschieht mittels eines Suchrasters, das ausgehend von den theoretischen Vorüberlegungen [die Hypothesen; Anm. des Autors] konstruiert wird. Extraktion heißt, den Text zu lesen und zu entscheiden, welche der in ihm enthaltenen Informationen für die Untersuchung relevant sind" (GLÄSER und LAUDEL 2010: 200).

Wichtig dabei ist zu beachten, dass neben der Untersuchung der Hypothesen auch neu auftauchende Informationen, die genauso themenrelevant sind und der Beantwortung der Leitfrage dienen könnten, betrachtet und mit aufgenommen werden. Anschließend erfolgt eine Interpretation der gesammelten Daten, die letztendlich zur Beantwortung der Forschungsfrage hinführt.

4.2.2 Die Hypothesen

Während der Literaturrecherche für diese Arbeit haben sich im Laufe der Zeit einige Erwartungen hinsichtlich der Beantwortung der Leitfrage ergeben. Diese werden hier in drei Hypothesen festgehalten und dienen auch der Konzipierung der Interviewleitfäden. Später sollen diese Hypothesen auf ihre Richtigkeit untersucht werden.

- Der Zweck der Städtepartnerschaften:

  In den ersten Kapiteln wurde bereits erläutert, dass die meisten Partnerschaften, gerade während der Nachkriegsjahre, der Aussöhnung zwischen zuvor verfeindeten Nationen dienten. Da mit voranschreitender Zeit und einer Intensivierung der Jugendaustausche immer weniger Teilnehmer die Kriegsjahre miterlebt haben, ist davon auszugehen, dass andere Ziele wie der Kulturaustausch genauso wie touristisch-ökonomische Ziele in den Vordergrund rückten.

- Alter der Partizipanten

  Laut der Theorie von FIEBER (1994: 99) sind die meisten Teilnehmer bei partnerschaftlichen Aktivitäten wie Austauschen unter 18 Jahre und über 45 Jahre alt. Diese Theorie scheint sich durch Konzentration auf Jugendaustausche zumindest teilweise zu decken.

- Profit der Städte durch städtepartnerlichen Tourismus

  Wie bereits mehrfach angedeutet, findet ein Tourismus zwischen den Partnerstädten statt, den es ohne Partnerschaft nicht geben würde. Dadurch profitieren viele touristische Einrichtungen wie bspw. Hotels, und letztendlich auch die Städte selber.

4.2.3 Die Interviewpartner

Wie in Kapitel 4.1.1.1 bereits erläutert, wurden für diese Arbeit Leute mit besonderem Hintergrundwissen befragt, also Experteninterviews durchgeführt. Alle Interviews sind in ihrer gesamten Länge als Transkript im Anhang vorzufinden.

- Im Wiesbadener Rathaus fand zunächst ein Interview mit drei Damen der Abteilung „Protokoll und kommunale Auslandsbeziehungen" statt. Auf Wunsch der interviewten Personen werden hier nicht ihre vollständigen Namen genannt. Wir nennen sie Frau N., Frau D. sowie Frau J.. Da sie nur für die Partnerschaften auf kommunaler Ebene zuständig sind und nicht in die Planung von Austauschprogrammen o. ä. mit einbezogen werden, konnten sie lediglich allgemeine Fragen zur Partnerschaft mit Tunbridge Wells beantworten, wenig jedoch auf inhaltliche Aspekte eingehen.

- Desweiteren wurde ein Interview mit der Vorsitzenden der Royal Tunbridge Wells-Wiesbaden-Vereinigung e.V. (RTWWV), Frau L , durchgeführt, welche detaillierte Antworten zu laufenden Aktivitäten, Austauschen, zur Geschichte der Partnerschaft, uvm. geben konnte.

- Das dritte und letzte Interview zu der Partnerschaft zwischen Wiesbaden und Tunbridge Wells wurde mit P , Vorstandsmitglied der Tunbridge Wells Twinning & Friendship Association durchgeführt. Dieses Interview fand auf Wunsch von Mrs P schriftlich und per Email statt. Neben dem Interview wurden von Mrs P viele weitere Informationen als Zusatzmaterial zur Verfügung gestellt.

- Vom Freundschaftskreis Mainz – Watford stellten sich der Vorsitzende des Vereins, Herr E , sowie Frau S , ein weiteres Vorstandmitglied, für ein gemeinsames Interview zur Verfügung. Diese waren in der Lage, weitreichende Auskünfte über die Geschichte, aktuelle Aktivitäten und Hintergründe der Partnerschaft zu vermitteln.

- Bedauernswerter Weise ist kein Interview mit einem Vertreter aus Watford zustande gekommen. Dies liegt zum Einen daran, dass es dort keinen Freundschaftsverein gibt und auch im dortigen Rathaus niemand für Städtepartnerschaften zuständig ist. Auch das mehrmalige Fragen nach einer Kontaktperson blieb dort erfolglos. Desweiteren wurden noch Herr E , Frau S sowie Schulen, die Austausche mit Watford durchführen, nach möglichen Kontaktpersonen befragt. Diese bemühten sich zwar redlich darum, konnten aber leider auch niemanden ausfindig machen und wiesen immer wieder darauf hin, wie schwer die Kommunikation nach Watford sei, was man an meinem Beispiel erkennen könne.

Während die Vorstandsmitglieder der einzelnen Partnerschaftsvereine allesamt in der Lage waren, ausführliche Informationen zu Hintergründen, Aktivitäten o. ä. der Partnerschaften zu geben, fiel dies den Damen aus der Abteilung „Protokoll und kommunale Auslandsbeziehungen“ des Wiesbadener Rathauses deutlich schwerer. Dies liegt vermutlich daran, da sie nicht in inhaltliche Programme involviert sind und neben der Partnerschaft zu Tunbridge Wells auch alle 13 weiteren Partnerschaften der Stadt Wiesbaden in ihr Aufgabenbereich fallen (Stadt Wiesbaden o. J.c). Interviewanfragen an die Rathäuser in Mainz und Watford wurden sogar abgelehnt.

Ebenso waren Anfragen an die IHK sowie an Ämter für Statistik oder Tourismus der Städte erfolglos, da entweder benötigte Zahlen (wie bspw. Übernachtungen in Mainz von Besuchern aus Watford) nicht erhoben werden oder die Zuständigkeit für solche Anliegen infrage gestellt und auf die Partnerschaftsvereine als die kompetenteren Ansprechpartner verwiesen wurde.

4.3 Auswertung der Ergebnisse

In diesem Kapitel soll die Auswertung inklusive der Analyse, welche nach der dargestellten Methode durchgeführt wurde, vorgestellt werden. Dabei wird sich an den zuvor formulierten Hypothesen orientiert.

4.3.1 Der Zweck der Städtepartnerschaften

Wie alle deutsch- britischen Städtepartnerschaften hatten auch die zwischen Mainz und Watford sowie zwischen Wiesbaden und Tunbridge Wells das Ziel, für Aussöhnung zwischen den ehemals verfeindeten Völkern zu sorgen. Während Mainz und Watford im Jahr 1956 sehr früh die Partnerschaftsurkunde unterschrieben haben, ließen sich Wiesbaden und Tunbridge Wells damit noch bis zum Jahr 1989 Zeit. 1970 wurde lediglich eine Freundschaftsurkunde unterzeichnet. Der Grund für diese vergleichbar späte Unterzeichnen der Partnerschaftsurkunde ist, „weil das eine gewachsene Partnerschaft ist“[8].

Gewachsen ist diese Partnerschaft aus den Aussöhnungsbemühungen des ehemaligen britischen Soldaten Fred Thornton, der mit seinem Besuch 1959 in der hessischen Landeshauptstadt die vermutlich erste Reise unternahm, die mit der Partnerschaft zwischen Wiesbaden und Tunbridge Wells in Verbindung gebracht werden kann. Durch diese ersten Annäherungsversuche setzten erste Reisebewegungen zwischen den beiden Städten ein, bei denen vor allem ehemalige Soldaten das zuvor verfeindete Volk kennen lernen wollten. Einen Höhepunkt dieser Aussöhnungsbewegung wurde bereits 1962 erreicht, als „200 von ihnen [den ehemaligen Soldaten aus Tunbridge Wells; Anm. des Autors] mit ihren Familien zum ersten Mal in der hessischen Landeshauptstadt“[9] zu Besuch waren. Auch wenn über personelle Eigenschaften der Besucher keine näheren Informationen vorliegen, ist davon auszugehen, dass es sich bei den Besuchern aus England um überwiegend berufstätige

[8] Frau L , Anhang S. 41
[9] Frau L , Anhang S. 42

Männer mit ihren Familien gehandelt haben muss, die in Anbetracht der fortgeschrittenen Zeit mindestens Ende 30, vermutlich meist älter, waren und über gewisse, wenn auch eher geringe, finanzielle Möglichkeiten verfügten.

Solche massenhaften Besuche ehemaliger Kriegsteilnehmer sollten in der Zukunft allerdings nicht mehr stattfinden, stattdessen wurde der Fokus mehr auf die Jugend gelegt, was Frau N. aus dem Wiesbadener Rathaus erfreulich findet:

> „Das ist eben auch nicht auf dieser Ebene der alten Menschen, um es mal so blöd auszudrücken, geblieben ist, sondern dass die das an die nächsten Generationen weitergeben konnten.“[10]

Frau L erwähnt diesbezüglich, dass „verschiedene Austausche angestrebt“[11] wurden und zählt auf Nachfrage die verschiedenen Akteure dieser Austausche auf:

> „Ja, das ist über Sport. Es ist zum Beispiel der Deutsche Hockeyclub und eine neu aufgebaute Cricketmannschaft. Das ist im Werden gerade mit dem Cricket. Die Hockeyspieler, die waren schon ein paar Mal in Tunbridge Wells und englische Hockeyspieler waren hier. Dann über die Musik. Choraustausche, ja dass Chöre in beiden Städten singen. Mädchenchor jetzt in Wiesbaden wieder und der englische Mädchenchor soll hier her kommen. Also das betrifft auch nächstes Jahr vorwiegend wieder. Musik sowieso, dass Bands kommen. Auf dem Wilhelmsstraßenfest haben schon mehrfach Bands gespielt. Eine deutsche Musikgruppe hat in England gespielt vorheriges Jahr, in Tunbridge Wells. Da war Open Air auf der Leinwand. Opening der Olympischen Spiele. Da haben die gespielt. Und das war, und dann, dass die Schüler, Schüleraustausch über die Schule. Das Gymnasium am Mosbacher Berg schickt jedes Jahr eine Gruppe hin. Die machen Schülerpraktikum. Also in verschiedenen Berufen.“[12]

Diese Aussage zeigt, dass Austausche vor allem in den drei Bereichen Musik, Sport und Schule eine Rolle spielen und damit besonders dort angesiedelt sind, wo hauptsächlich jüngere Menschen präsent sind. Nach einer Aufzählung von Frau L nehmen an den Austauschen, auf ein Jahr gerechnet, um die 150 Personen teil. Hinzu kommen noch sämtliche private Fahrten und Fahrten kleinerer Gruppen. Bei den Austauschgruppen handelt

---

[10] Frau N., Anhang S. 55
[11] Frau L , Anhang S. 42
[12] Frau L , Anhang S. 43

es sich selten um feste Teilnehmergruppen, die gemeinsam über einen längeren Zeitraum zusammen bleiben. Wenn sich zum Beispiel bei Schüleraustauschen auf eine Jahrgangsstufe konzentriert wird, wechseln die Beteiligten jährlich, genauso wie bei Jugendmannschaften im Sport. Bei älteren Mannschaften, in Musikbands oder Chören ist das zwar nicht der Fall, jedoch ist auch dort, wie in vielen Freizeitbereichen, von Fluktuation auszugehen. Daher waren schon sehr schnell nach dem Krieg die meisten Beteiligten nicht mehr an einer direkten Aussöhnung interessiert, da sie die verfeindeten Jahre selber nie miterlebt haben. Stattdessen stand bzw. steht für diese Generationen der Kulturaustausch im Vordergrund, was Frau D. auch nochmal erläutert:

> „Der Grund ist ganz einfach schon immer gewesen der Austausch von Kulturen und zu sehen, wie leben andere, wie leben wir, wie leben andere, ist es sehr unterschiedlich, ist es trotz Sprachunterschiede, trotz klimatischer Unterschiede oder so, ist es gleich, ist es identisch, wie leben Jugendliche? Und dafür wird natürlich auch der Austausch gemacht. Wie ist das Schulsystem zum Beispiel in England? Die besuchen ja zum Teil auch die Schulen mit. Wie ist der Unterricht da aufgebaut, wie ist der Unterricht hier aufgebaut? […] das ist einfach ein Erfahrungswert und das ist ja auch dieser Austausch, diese Gemeinsamkeiten und die Unterschiede kennen zu lernen und transparent auch zu machen, sich zu öffnen für andere Menschen, andere Kulturen, andere Länder. Das ist der Hintergrund.“[13]

Während es in Wiesbaden zunächst nur eine Annäherung über die ehemaligen Soldaten, also bereits ältere Generationen, gab, wurde der Austausch jüngerer Menschen bei der Partnerschaft zwischen Mainz und Watford deutlich eher initiiert. Bereits ein Jahr vor dem Abschluss des Partnerschaftsvertrages 1956, gab es einen Schüleraustausch zwischen der Höheren Handelsschule aus Mainz, welche eine reine Mädchenschule war, und einer Partnerschule in Watford. Dass solch ein Austausch bereits so früh durchgeführt wurde, lag an der beidseitigen Einsicht, Aussöhnung zur Linderung der Kriegswunden nur über einen Kulturaustausch durch junge Generationen gestalten zu können, wie Herr E   , Vorsitzender des Freundschaftskreises Mainz – Watford, schildert:

> „Ja, also, ein ganz ganz wichtiges .. ein ganz wichtiger Aspekt war der Jugendaustausch. Beide Seiten waren sich einig, es wird sehr sehr schwer, die

[13] Frau D., Anhang S. 54

Mehrheit der erwachsenen Bevölkerung nach den Kriegsereignissen so umzudrehen, dass man sich gegenseitig kennen und lieben lernt .. und anfreundet .. und die Bomben und die Schrecken des Krieges und die Toten - und vor allem auch die Phosphorbomben, die Brandbomben – da vergisst und hinter sich lässt. Also konzentrierte man sich auf die Jugend und initiiert erstmal den Schüleraustausch. Und da war schon unseres Wissens, ein Jahr vor, ein Jahr vor dem Partnerschaftsvertrag war der erste Schüleraustausch. 1955 mit der Höheren Handelsschule. Das war die Schule, das war eine reine Mädchenschule."[14]

Neben diesem Austausch, der bis heute besteht und weiteren Schüleraustauschen, konnte auch die Politik auf kommunaler Ebene mit in das Programm integriert werden. Mit dem Abschluss des Partnerschaftsvertrages 1956 wurde ebenso ein regelmäßiger jährlicher Austausch städtischer Beamter vereinbart. „Aber das war jetzt weniger, um sich gegenseitig zu unterstützen, sondern um sich besser kennen zu lernen, um sich anzunähern"[15], wie Herr E anmerkt. Anders als bei der Wiesbadener Partnerschaft zu Tunbridge Wells gibt es in Mainz, neben den Schüleraustauschen, relativ wenig Programme mit Partnern aus Watford, die regelmäßig und über einen längeren Zeitraum stattfinden. „Einzelinitiativen"[16], wie Herr E es selbst auch nennt, gibt es vor allem auf sportlicher Ebene. Der einzige außerschulische Bereich mit Beständigkeit sind christliche Gemeinden und Kirchenchöre, die regelmäßige Besuche organisieren. Zusammen, so schätzt Herr E , würden jährlich ca. 150 bis 200 Teilnehmer bei den städtepartnerschaftlichen Austauschen teilnehmen.

Mithilfe der Interviews konnte nicht ermittelt werden, ob es Ziele gibt, durch partnerschaftliche Aktivitäten touristisch-ökonomische Profite zu erzielen, jedoch sollte diese Annahme dennoch ausgeschlossen werden, da sich alle Beteiligten lediglich an Kulturaustausch und Annäherungsprozessen interessiert zeigten. Durch die Tatsache, dass die Partnerschaften in der Regel von Partnerschaftsvereinen am Leben gehalten werden und nicht von den Städten selber, ist es sehr unwahrscheinlich, dass die Vereine ökonomische Ziele verfolgen, die in erster Linie nur der Stadt einen direkten Profit bringen würden. Ob es trotzdem zu spürbar positiven Effekten durch den Tourismus zwischen den Partnerstädten kommt, wird in Kapitel 4.2.3 geklärt.

[14] Herr E , Anhang S. 58f.
[15] Herr E , Anhang S. 58
[16] Herr E , Anhang S. 60

Dennoch sollte auf ein Vorhaben des Freundschaftskreises Mainz – Watford hingewiesen werden, das zwar nicht auf touristische Profite abzielt, aber auch über den Kulturaustausch hinweggeht. Herr E sprach von dem Plan, junge Engländer durch attraktive Ausbildungen nach Deutschland zu locken und über diesen Weg, „das Interesse an der deutschen Sprache an den englischen Schulen wieder [zu] wecken“[17]. Der Hintergrund dieses Vorhabens ist zum Einen, dass die deutsche Sprache an englischen Schulen an Bedeutung verliert, und zum anderen, dass England zur Zeit, wie viele andere Staaten, unter einer hohen Jugendarbeitslosigkeit leidet. Da die Situation in Deutschland deutlich besser ist und das deutsche Ausbildungssystem, laut Herrn E , wesentliche Vorteile dem englischen Gegenüber aufweist, könne man über diesen Weg junge Engländer nach Deutschland locken, was zu einem Bedeutungsgewinn der deutschen Sprache im britischen Königreich führen würde.

Streng genommen dürfte bei einer Realisierung dieser Pläne nicht mehr von Tourismus zwischen den Partnerstädten gesprochen werden, da die Auszubildenden im Rahmen ihrer Ausbildung mindestens drei Jahre in Deutschland bleiben würden und damit laut der Tourismus-Definition der UNWTO (vgl. Kapitel 4), nicht mehr als Touristen und damit auch nicht mehr als Teil dieser Untersuchung gelten würden.

4.3.2 Alter der Partizipanten

Die These, dass die Teilnehmer städtepartnerschaftlicher Aktivitäten in der Regel unter 18 und über 45 seien, lässt sich zum Teil bestätigen. Sehr schnell lässt sich sowohl bei Recherchen zu diesem Thema als auch bei den Gesprächen mit den Experten erkennen, dass bei den Austauschen viel über den Jugendbereich läuft und dass die dazu gehörigen Ehrenämter meist von eher älteren Personen bekleidet werden. Dies wird auch von den Experten auf Nachfrage bestätigt. So berichtet Frau L , dass viele Vorstandsmitglieder der Royal Tunbridge Wells-Wiesbaden-Vereinigung bereits über 70 sind, viele zwischen 45 und 70, aber auch ein paar wenige unter 45 Jahren dabei sind. Bei den Jugendaustauschen sind zwar auch die meisten unter 18, jedoch gibt es in manchen Gruppen Teilnehmer, die bereits Anfang 20 sind.[18] Auch Frau P , Vorstandsmitglied der Tunbridge Wells

[17] Herr E , Anhang S. 68
[18] Vgl. Frau L , Anhang S. 45

Twinning & Friendship Association, glaubt, dass diese These hinkommt, zumal die Mitglieder (ca. 100) ihres Freundschaftsvereins „fast alle im Rentenalter“[19] sind.

Auch wenn die Altersgrenzen vermutlich nicht so scharf gezogen werden können, wie es FIEBER (1994: 99) in ihrer Dissertation gemacht hat, lässt sich dennoch bestätigen, dass die Partnerschaften überwiegend durch jüngere Leute, meist bis Anfang 20, und ältere Leute, oft schon im Rentenalter, geprägt werden. Herr E , der ebenfalls von der Richtigkeit dieser These überzeugt ist, gibt auch einen Hinweis auf die Gründe dieses Phänomens:

> „Das hängt auch mit darin zusammen, also .. es gibt eine Phase .. nach 18 ist man dann noch mit der Lehre bzw. mit der Berufskarriere beschäftigt. Andere studieren noch zu der Zeit. Mit Ende des Studiums, so Ende 20, Anfang 30, muss man sich dann auch um seinen Job kümmern, ja, und sein berufliches Fortkommen und hat wenig Zeit für ehrenamtliche Aktivitäten. [...] Und dann später, wenn man .. die Kinder groß gezogen hat, die aus dem gröbsten raus sind und vielleicht auch die Schule beendet haben und dann denkt man wieder an andere Dinge, an andere ehrenamtliche Tätigkeiten oder will seine Lebenserfahrung weitergeben und seine Kontakte nutzen.“[20]

4.3.3 Profit der Städte durch städtepartnerschaftlichen Tourismus

Wie bereits in Kapitel 4.2.1 erwähnt, nehmen an den städtepartnerschaftlichen Austauschen in beiden Beispielen jährlich ca. 200 Leute teil. Das bedeutet bspw. für Mainz, dass jährlich ca. 100, meist junge Menschen für einen Zeitraum von ein oder zwei Wochen aus Watford zu Besuch kommen, dort schlafen und essen und sich in der Stadt bewegen. Bei insgesamt über 530.000 Gästen, die 2011 in Mainz übernachteten, stellen die Austauschgruppen nur einen sehr geringen Anteil von ca. 0,02% dar (Statistisches Landesamt Rheinland-Pfalz 2012: 17). Würden alle Austauschpartner in Hotels, Pensionen, o. ä. übernachten und im Schnitt neun Nächte bleiben (was nach Sichtung diverser Austauschprogramme die durchschnittliche Anzahl von Übernachtungen zu sein scheint), würde der Austauschtourismus aus Watford ca. 0,1% aller Übernachtungen in Mainz, welche 2011 bei knapp 841.000 lagen, ausmachen (Statistisches Landesamt Rheinland-Pfalz 2012: 17). In Wiesbaden würden 100 Gäste aus Tunbridge Wells mit einer durchschnittlichen Aufenthaltsdauer von neun Nächten bei über

[19] Frau P , Anhang S. 70
[20] Herr E , Anhang S. 64

1.024.000 Übernachtungen jährlich einen Anteil von 0,09% bedeuten (Hessisches Statistisches Landesamt 2013: 36).

Doch findet die Unterbringung in der Regel nicht in Hotels statt. Vor allem Schüleraustausche sind darauf ausgelegt, einen Familienaufenthalt zu bieten, wie Herr E erläutert:

> „Ja, von der Schule ist es immer in Familien. Immer. Das geht gar nicht anders. Da ist ja auch das Ziel, dass die Kinder Deutsch sprechen .. die englischen Schüler. Und dass sie auch das Familienleben kennen lernen, Kultur kennen lernen und dass vielleicht auch mal mit der Familie .. ein Ausflug gemacht wird oder eine Aktivität. Also, dass die beiden Schüler, also der deutsche und der englische Schüler, oder Schülerin, zusammen mit den Gasteltern unterwegs sind.“[21]

Andere Jugendaustausche, wie zwischen Sportvereinen, sollen nach Möglichkeit zwar auch mit Familienunterbringung stattfinden, dort werden auf Wunsch der Beteiligten aber auch Alternativen genehmigt. So erzählt Herr E von einem Fall, bei dem eine Jugend-Fußballmannschaft aus Watford gerne zusammen übernachten wollte, woraufhin ihr eine Turnhalle organisiert wurde, wo sie während des Aufenthalts in Mainz nächtigen konnte.

In Wiesbaden ist die Situation der Unterbringung ähnlich, wobei dort bzw. beim Gegenbesuch in Tunbridge Wells auch eine Unterbringung der Schüler in Pensionen schon mal vorkam, wie Frau L zu berichten weiß:

> „Ja, zum Teil Jugendherbergen. Ja, auch dieses Orchester, das wird in der Jugendherberge wohnen. Da wollen wir auch gucken, ob die dann in der Fachhochschule essen gehen können, in der Mensa. Weil die auch günstig essen wollen, müssen. Ja, das Budget ist ja auch nicht so groß. Das ist eben immer eine Kostenfrage. Und Schüleraustausch zum Teil eben in Familien. Beim Mädchenchor war es glaube ich komplett in Familien. Und auch Schüleraustausch von unserer Seite war auch in irgendwelchen Pensionen dann, die relativ günstig sind.“[22]

Ein Vergleich der Partnerschaften zwischen Mainz und Wiesbaden zeigt, dass eine Unterbringung in Familien zwar immer angestrebt wird, aber, wie im Fall Wiesbaden, selbst

---

[21] Herr E , Anhang S. 61

[22] Frau L , Anhang S. 45f.

bei Schüleraustauschen nicht immer realisiert werden kann. Bei der alternativen Unterbringung steht dann immer der Kostenfaktor im Vordergrund, da grundsätzlich auf geringe Ausgaben geachtet wird. Bei der Verpflegung gibt es diesbezüglich keine Unterschiede.

Daraus lässt sich bereits erkennen, dass die Städte bzw. die touristischen Einrichtungen wie Hotels oder Restaurants vermutlich nur sehr wenig von diesen Partnerschaften profitieren, vor allem wenn diese mit „normalem Tourismus" verglichen werden. Zwar werden die meisten Erwachsenen-Reisegruppen im Rahmen von partnerschaftlichen Aktivitäten in Hotels unterkommen und auch mehr Geld für Essen in Restaurants o. ä. Einrichtungen ausgeben, jedoch machen diese, wie aus den Schilderungen der Experten deutlich wird, nur einen geringen Anteil der gegenseitigen Besuche aus. Der größte Teil fällt dabei auf Jugendaustausche mit Schulen, Sportclubs oder Musikvereinen.

Diese Annahme scheint sich auch bei den englischen Partnerstädten zu bestätigen. Frau P , Vorstandsmitglied der Tunbridge Wells Twinning & Friendship Association (TWTFA), geht zwar davon aus, dass „Gaststätten/Hotels/Einzelhandel/Freizeitindustrie am meisten"[23] von der Partnerschaft profitieren, der Einfluss auf den Tourismus in Tunbridge Wells aber relativ klein ausfällt. Dies bestätigen Zahlen der Tourism South East Research Unit (2009: 5):

> "Of the £198,877,000 estimated to have been spent by visitors on their trip and the £12.7 million additional trip-related expenditure, around £202,207,000 directly benefited local businesses from hotels and restaurants to cafes, shops and attractions in Tunbridge Wells."

Diese hohen Einnahmen spiegeln auch die jährlichen Übernachtungen in touristischen Unterkünften des Borough of Tunbridge Wells wieder. Im Jahr 2009 gab es dort ca. 1.093.000 Übernachtungen, wobei partnerschaftliche Besuche aus Wiesbaden mit 100 Teilnehmern jährlich bei einer durchschnittlichen Verweildauer von neun Tagen einen Anteil von nur 0,08% ausmachen (Tourism South East Research Unit 2009: 6). Da die Interviews mit Herrn E und Frau L ergeben haben, dass in Wiesbaden scheinbar deutlich mehr Leute auch außerhalb von offiziellen Austauschprogrammen die Partnerstadt besuchen als in Mainz, dürfte die Zahl der jährlichen Gäste zwar bei deutlich mehr als 100 liegen, was den Anteil am gesamten Tourismus in Tunbridge Wells aber nur marginal nach oben korrigieren würde. Für

[23] Frau P , Anhang S. 70

die Stadt Wiesbaden, die, wie bereits beschrieben, ähnlich viele Übernachtungen im Jahr aufweist, gilt das gleiche.

Dennoch scheint Tunbridge Wells insgesamt sehr von deutschen Touristen, wenn auch meist nicht aus Wiesbaden, zu profitieren, wie Frau P erläutert:

> „Südostengland ist beliebt bei deutschen Besuchern. Viele dürften eher auf der Durchreise sein, d.h. Tagestouristen, z.B. Busfahrten zu den Gärten Englands (wie Sissinghurst) oder Touristen auf dem Weg nach Cornwall/Devon. [...] Man muß bedenken, daß es viele Auslandsdeutsche gibt, die hier leben [...] die bestimmt Besuch aus Deutschland erhalten.“[24]

Auch wenn Hotels und Restaurants keinen besonders starken Vorteil aus den Partnerschaften ziehen, da bei Austauschprogrammen sehr viel Wert auf Familienunterbringung und die Kosten gelegt wird, können andere Bereiche, wie ein Zitat von Frau P bereits angedeutet hat, sehr wohl von den Besuchern aus einer Partnerstadt profitieren. An dieser Stelle lässt sich argumentieren, dass diese Personen auch essen müssen und daher die betreuenden Familien während dieser Zeit mehr für Lebensmittel in den ansässigen Geschäften ausgeben. Desweiteren wird den Austauschteilnehmern oft ein Programm geboten, bei denen diverse Ausgaben in Einrichtungen, die zum Teil dem indirekten Tourismussektor zuzurechnen sind, nicht zu vermeiden sind.

Der Ablauf eines zehntägigen Besuches britischer Schüler am Schlossgymnasium Mainz soll dies exemplarisch darstellen: Nach einem ersten Wochenende bei der Gastfamilie, bei der nach Möglichkeit schon erste Aktivitäten unternommen wurden, gab es unter der Woche neben einer Stadtrally und zwei Ausflügen nach Köln und Speyer auch Besuche im Gutenbergmuseum, beim SWR, bei einer Bowlingbahn sowie im Taubertsbergbad. Das zweite Wochenende verbrachten die Austauschschüler wieder in ihren Gastfamilien (vgl. BILA o. J.).

All die besuchten Einrichtungen sowie benutzten Transportmöglichkeiten (private Busunternehmen, MVG, o.ä.) erlangen durch diese Austauschprogramme Einnahmen, die sie ohne diese nicht erzielen würden. Doch, dass dieser Profit sich auf die Städte auswirkt und die Städtepartnerschaften dadurch dort messbar sind, wird von Frau N. bezweifelt:

[24] Frau P , Anhang S. 70

> „Aber sie können eine Städtepartnerschaft ja auch nicht damit messen, dass man sagt: „Oh, bevor die Städte befreundet waren, hatten die einen Bruttoinlandsprodukt von XY und nachdem sie befreundet waren, ein anderes.“ Das sind Sachen, die sind sehr sehr schwer messbar.“[25]

Dazu fügt Frau N. im weiteren Verlauf des Gesprächs noch an, dass ein solcher monetärer bzw. wirtschaftlicher Profit durch Städtepartnerschaften auch nicht das Ziel sei, sondern viel mehr das

> „Friede-Freude-Eierkuchen-Prinzip, dass man eine Völkerverständigung herstellt oder den Boden ebnet, dass man sagt, es gibt Menschen anderer Kulturen, die auch anders leben, anders denken und dass man sich dessen nicht verschließt, sondern einfach auch öffnet und schaut über den Tellerrand, was passiert bei anderen.“[26]

Anders ausgedrückt bedeutet dies, dass die Städtepartnerschaften keineswegs auf finanziellen Profit für die Städte ausgelegt sind, sondern lediglich der Völkerverständigung und des Kulturaustausches dienen sollen.

4.4 Zusammenfassung

Zusammenfassend lässt sich sagen, dass zwar nach wie vor der „Grundgedanke der Völkerverständigung“ (DERENBACH 2006: 43) bei Städtepartnerschaften zählt, sich der Zweck der Partnerschaften aber von einer Aussöhnung hin zu einem reinen Kulturaustausch entwickelt hat. Beides lässt sich nur durch regelmäßige Besuche und Austausche realisieren, wodurch touristische Aktivitäten zwischen den Partnerstädten von Beginn an bis heute eine große Rolle spielen. Waren es in den Anfangsjahren, wie am Beispiel Wiesbaden – Tunbridge Wells gesehen, auch noch ehemalige Kriegsteilnehmer und somit bereits ältere Leute, bei denen eine größere finanzielle Kaufkraft wahrscheinlicher ist, wurde der Fokus im Laufe der Zeit mehr auf Jugendaustausche gelegt, bei denen keine großen Ausgaben zu erwarten sind.

Dies spiegelt sich auch am Alter der Partizipanten wider, welche ähnlich wie in der These von FIEBER (1994: 99) beschrieben, überwiegend jung, das heißt Anfang 20 oder jünger, oder aber im gehobeneren Alter, meist bereits Rentner, sind. Gerade bei den Jugendaustauschen, welche

[25] Frau N., Anhang S. 50
[26] Frau N., Anhang S. 53

einen großen Teil der Austauschaktivitäten ausmachen, wird aufgrund fehlender finanzieller Kaufkraft sehr auf die Kosten geachtet, wodurch der eh schon geringe Anteil am städtischen Tourismus noch geringer wird. Wie die Experten, allen voran die drei Damen aus dem Wiesbadener Rathaus aber betont haben, sei der wirtschaftliche Profit nicht der Zweck einer Städtepartnerschaft, sondern vielmehr der bereits angesprochene Kulturaustausch.

5. Fazit

Welchen Einfluss haben die Städtepartnerschaften nun auf den Tourismus der beteiligten Städte? Um dies herauszufinden, wurde zunächst ein theoretisch-historischer Überblick des Phänomens vermittelt, bei dem ein besonderer Fokus auf Deutschland gelegt wurde. Dies wird unter anderem darin begründet, dass Deutschland als Ausgangpunkt der städtepartnerschaftlichen Entwicklung gesehen werden kann. Diese erfuhr, sofern man einige wenige Ausnahmen aus dem Spiel lässt, vor allem nach dem Zweiten Weltkrieg einen enormen Schub und entwickelte sich zu einem globalen Phänomen. In den ersten Nachkriegsjahren suchten deutsche Städte den Kontakt vor allem zu ehemaligen Kriegsgegnern, welche genauso an einer Aussöhnung interessiert waren. Dementsprechend waren es zunächst überwiegend deutsch-französische sowie deutsch-englische Partnerschaften, die entstanden sind. Wie gezeigt wurde, war das Hauptanliegen dieser Verbindungen die Versöhnung, was meist auch gegenseitige Besuche, auf kommunaler sowie auf gesellschaftlicher Ebene, bedeutete. Auch wenn einige dieser städtepartnerschaftlichen Verhältnisse durch Hilfsmaßnahmen der englischen oder französischen Städte ungleich waren, so fand dennoch bereits zu diesem Zeitpunkt ein Tourismus zwischen den Städten statt. In Anbetracht dessen, dass die Städte zu diesem Zeitpunkt aufgrund der Kriegsfolgen touristisch wenig attraktiv waren und die überwiegende Mehrheit der Bevölkerung auch keine Geldmittel für etwaige Reisen aufbringen konnte, wird der städtepartnerschaftliche Tourismus einen nicht zu unterschätzenden Einfluss auf den damaligen Fremdenverkehr gehabt haben.

Doch im Laufe der Zeit hat dieser stark an Bedeutung verloren. Das geht zum Einen aus den Gesprächen mit den Experten hervor, als auch aus statistischen Zahlen zu jährlichen Gästen und Übernachtungen in den Städten. Besonders Mainz, Wiesbaden und Tunbridge Wells haben sich zu touristischen Zentren entwickelt, die jedes Jahr hunderttausende von Touristen anlocken. Von denen stellen die Besucher aus der englischen bzw. deutschen Partnerstadt nur einen sehr geringen Anteil dar, sodass das Gastgewerbe und andere touristische Einrichtungen nur minimal von diesen profitieren. Auch auf wirtschaftliche Charakteristika der Stadt, wie bspw. das BIP, dürften dieser geringe Anteil wenig auswirken, zumal ein Großteil der partnerschaftlichen Besucher im Rahmen von Jugendaustauschen die Partnerstadt besuchen, dementsprechend jung sind und vergleichsweise wenig Geld während der Reise ausgeben. Daher lässt sich an dieser Stelle die These von LEGENDRE (2006: 87), dass die Tourismusindustrie wenig von Städtepartnerstädten profitiere, bestätigen.

Etwas spannender wäre es an dieser Stelle, die wirtschaftlich-touristischen Auswirkungen aller Städtepartnerschaften einer Stadt zu betrachten. Diese würden aufgrund der meist hohen Anzahl von Partnerstädten ein wenig stärker ausfallen, zumal andere Partnerschaften, wie bspw. Mainz-Dijon, deutlich lebendiger als die untersuchten sind und somit auch mehr Spuren in den Städten hinterlassen. Dennoch wären die Auswirkungen auf den gesamten Tourismus weiterhin vermutlich eher gering.

Dementsprechend ist der Einfluss der Partnerschaften auf den Tourismus, was wirtschaftlich-finanzielle Faktoren betrifft, sehr schwer messbar, wie Frau N. aus dem Wiesbadener Rathaus ebenfalls deutlich herausstellte. Und dennoch glaube ich, dass solche Verbindungen für die Städte sehr wertvoll sind. Zunächst einmal werden sie erheblich – und das dürfte weitgehend unterschätzt werden – zu einer Aussöhnung und einem dauerhaften Frieden, vor allem in Europa, zwischen verfeindeten Nationen beigetragen haben. Auch wenn nach wie vor Vorurteile zwischen diesen Kulturen bestehen, konnte der Friede in einer Form gefestigt werden, welche es vermutlich so noch nicht gegeben hat. Zu Zeiten von Massentourismus und Billigfliegern ist es allgegenwärtig, in andere Länder zu reisen und Städte zu besuchen, ganz gleich ob Partnerstadt oder nicht. Und vermutlich haben gerade die Städtepartnerschaften dazu beigetragen, dass dies heute möglich ist und Städte wie Mainz oder Tunbridge Wells so vom Tourismus geprägt sind.

Abschließend sollte noch gesagt werden, dass es sehr schwer war, vernünftige Ergebnisse für diese Arbeit zu bekommen. Wie bereits geschildert, fehlen dementsprechende Statistiken, und eigene Erhebungen hätten den Rahmen dieser Arbeit bei weitem gesprengt. Ebenso war es nicht besonders leicht, vor allem auf englischer Seite, an Informationen zu gelangen. Auch wenn ich mit Frau P von der Tunbridge Wells Twinning & Friendship Association als kompetente (und auch deutschsprachige) Ansprechpartnerin sehr viel Glück hatte, so sollte dies leider ein Einzelfall bleiben. Viele weitere Anfragen wie bspw. im Rathaus von

Tunbridge Wells oder genauso in Watford blieben unbeantwortet oder wurden abgelehnt mit dem Hinweis, dass für städtepartnerschaftliche Aktivitäten niemand zuständig sei. Dies hat bei mir den Eindruck geweckt, dass solche Partnerschaften für englische Städte keine besondere Rolle einnehmen, was durch Gespräche mit Verantwortlichen deutscher Schulen, welche in die Austauschaktivitäten involviert sind, stets bestätigt wurde. Aber auch zufällige Gespräche mit Menschen, die in anderen deutschen Städten partnerschaftliche Kontakte zu englischen Städten und Schulen pflegen, berichteten ähnliches und waren immer wieder genervt vom Desinteresse der englischen Verantwortlichen an städtepartnerschaftlichen Aktivitäten. So scheint mir die Partnerschaft zwischen Wiesbaden und Tunbridge Wells fast eine sehr positive Ausnahme zu sein, welche gerade auf englischer Seite als Vorbild gesehen werden sollte, damit die Bedeutung der Städtepartnerschaften nicht verloren geht.

B Literaturverzeichnis

BILA, N. (o. J.): Ablauf des Besuches in Mainz 2006/2007. Internet: http://www.schloss-online.de/index.htx/46c5cfe99da164c9fd9a014681558cf5 (14.09.2013).

BURGMER, I. M. (1989): Städtepartnerschaften als neues Element der innerdeutschen Beziehungen. Bonn.

CLARKE, N. (2009): In what sense 'spaces of neoliberalism'? The new localism, the new politics of scale, and town twinning. In: Political Geography 28: 496 – 507.

CLARKE, N. (2011): Globalising care? Town Twinning in Britain since 1945. In: Geoforum 42: 115 – 125.

CREMER, R. D., A. D. BRUIN und A. DUPUIS (2001): International Sister-Cities – Bridging the Global-Local Divide. In: American Journal of Economics and Sociology 60 (1): 377 – 401.

CRISTEA, A. A. (2012): History, Tradition and Continuity in Tourism Development in the European Area. In: International Journal of Academic Research in Accounting, Finance and Management Sciences 2 (1): 178 – 186.

DE VILLIERS, J. C. (2005): Strategic alliances between communities, with special reference to the twinning of South African provinces, cities and towns with international partners. Stellenbosch.

DERENBACH, R. (2006): Dialog über Stellenwert und Zukunft der Kommunalpartnerschaften - Partnerschaften unverzichtbar für Kommunen und Europa. Internet: http://www.rgre.de/ek_archiv.html (14.08.2013).

FIEBER, B. (1994): Internationale Gemeindepartnerschaften – Kulturaustausch und seine Wirkung in europäischen Landgemeinden. Trier.

FURMANKIEWICZ, M. (2003): Town-twinning as a factor generating international flows of goods and people – the example of Poland. In: BELGEO 2 (1): 145 – 162.

Freundschaftskreis Mainz-Watford (2013): Unsere Partnerstadt Watford. Internet: http://www.mainz-watford.de/index.php?option=com_content&view=article&id=46:unsere-partnerstadt-watford&catid=34:wissen-ueber-watford&Itemid=59 (27.07.2013).

GLÄSER, J. und G. LAUDEL ([4]2010): Experteninterviews und qualitative Inhaltsanalyse. Wiesbaden.

GRUNERT, T. (1981): Langzeitwirkungen von Städte-Partnerschaften – Ein Beitrag zur europäischen Integration. Kehl am Rhein und Straßburg.

JOENNIEMI, P. und A. SERGUNIN (2011a): Another Face of Integration: City Twinning in Europe. In: Research Journal of International Studies 22: 120 – 131.

JOENNIEMI, P. und A. SERGUNIN (2011b): When Two Aspire to Become One: City-Twinning in Northern Europe. In: Journal of Borderlands Studies 26 (2): 231 – 242.

HEBBERT, M. und S. EWEN (2007): European cities in a networked world during the long twentieth century. Madrid.

Hessisches Statistisches Landesamt ([3]2013): Hessische Gemeindestatistik – Ausgewählte Strukturdaten aus Bevölkerung und Wirtschaft 2011. Wiesbaden.

HOFFMANN-RIEM, C. (1984): Das adoptierte Kind : Familienleben mit doppelter Elternschaft. München.

HÖLD, R. (2009): Zur Transkription von Audiodaten. In: BUBER, R. und H. H. HOLZMÜLLER (Hrsg.) ([2]2009): Qualitative Marktforschung – Konzepte – Methode – Analysen. Wiesbaden: 655 – 668.

KERN, K. (2007): When Europe Hits City Hall: The Europeanization of Cities in the EU Multi-level System. Minneapolis.

KÖHLE, B. (2005): „Town Twinning", „Jumelage", „Kommunale Partnerschaften". Wien.

KUCKARTZ, U. (2005): Einführung in die computergestützte Analyse qualitativer Daten. Wiesbaden.

LEGENDRE, A. L. (2006): Town Twinning as a Tourism Market – The Influence of Town Twinning on Tourism. Bournemouth, Heilbronn, Dalarna und Savoie.

MEUSER, M. und U. NAGEL (2009). Das Experteninterview – konzeptionelle Grundlagen und methodische Anlagen. In: PICKEL, S., G. PICKEL, H. J. LAUTH und D. JAHN (Hrsg.) (2009): Methoden der vergleichenden Politik- und Sozialwissenschaft – Neue Entwicklungen und Anwendungen. Wiesbaden: 465 – 479.

MUTCH, A. (1996): The English Tourist Network Automation project: a case study in inter-organizational system failure. In: Tourism Management 17 (8): 603 – 609.

PAPAGAROUFALI, E. (2008): Of Euro-Symbols and Euro-Sentiments: The Case of Town and School Twinning. In: Historein 8: 72 – 82.

PAWLOW, N. A. (1990): Innerdeutsche Städtepartnerschaften. Berlin.

P , . (16.07.2013): RE: interview bachelor thesis town twinning.

RGRE (o. J.): Der RGRE stellt sich vor. Internet: http://www.rgre.de/wir_ueber_uns.html (14.07.2013).

SCHMUDE, J. und P. NAMBERGER (2010): Tourismusgeographie. Darmstadt.

SCI (2012): About Sister Cities International. Internet: http://www.sister-cities.org/about-sister-cities-international (19.07.2013).

Tourism South East Research Unit (2009): The Economic Impact of Tourism on Borough of Tunbridge Wells. Internet: www.google.de/url?sa=t&rct=j&q=&esrc=s&source=web &cd=1&sqi=2&ved=0CDgQFjAA&url=http%3A%2F%2Fwww.visittunbridgewells .com%2Fdownload.asp%3FFile%3DTunbridge%2BWells%2BTourism%2Beconomic%2BImpact%2BEstimates%2B2009Final.pdf%26Size%3D111926%26Name %3DTunbridge%2BWells%2BTourism%2BEconomic%2BImpact%2BEstimates %2B2009Final.pdf&ei=kkU0Uoq_MInxhQfh8oGwBQ&usg=AFQjCNEjaMrsdz BdyvoWiVspsAGyHCB3hA&bvm=bv.52164340,d.bGE (14.09.2013).

Stadt Klagenfurt (o. J.): Partnerstädte. Internet: http://www.klagenfurt.at/klagenfurt-am-woerthersee/partnerstaedte.asp (05.07.2013).

Stadt Mainz (2013): Watford. Internet: http://www.mainz.de/WGAPublisher/online/html/ default/mkuz-5t3fu2.de.html (27.07.2013).

Stadt Wiesbaden (o. J.a): Tunbridge Wells (Großbritannien). Internet: http://www.wiesbaden. de/leben-in-wiesbaden/stadtportrait/partnerstaedte/content/tunbridge-wells.php (12.07.2013).

Stadt Wiesbaden (o. J.b): Partnerstadt Ocotal (Nicaragua). Internet: http://www.wiesbaden. de/leben-in-wiesbaden/stadtportrait/partnerstaedte/content/ocotal.php (13.07.2013).

Stadt Wiesbaden (o. J.c): Partnerstädte. Internet: http://www.wiesbaden.de/leben-in-wiesbaden/stadtportrait/partnerstaedte/index.php (24.07.2013).

Statistisches Landesamt Rheinland-Pfalz (2012): Statistische Berichte – Gäste und Übernachtungen im Tourismus 2011. Internet: http://www.statistik.rlp.de/fileadmin/ dokumente/berichte/G4013_201100_1j_G.pdf (08.09.2013).

TRENTMANN, N (2011): Briten brechen Brücken nach Europa ab. Die Welt (12.12.2011). Internet: http://www.welt.de/vermischtes/weltgeschehen/article13763866/Briten-brechen-Bruecken-nach-Europa-ab.html (14.07.2013).

UCLG (o. J.): About UCLG. Internet: http://www.uclg.org/en/organisation/about (19.07.2013).

UDE, C. (2012): Städte als außenpolitische Akteure. In: Außen Sicherheitspolit 5: 11 – 18.

UNWTO (2010): International Recommendations for Tourism Statistics 2008. New York.

ZELINSKY, W. (2010): The Twinning of the World: Sister Cities in Geographic and Historical Perspective. In: Annals of the Association of American Geographers 81 (1): 1 – 31.

C Anhang

Eigene Darstellung der Transkriptionsregeln nach HOFFMANN-RIEM (1984: 331):

Zeichen	***Bedeutung***
..	kurze Pause
...	mittlere Pause
....	lange Pause
......	Auslassung
/eh/ /ehm/	Planungspausen
((Ereignis))	nicht-sprachliche Handlungen, z.B. ((Schweigen))((zeigt auf ein Bild))
((lachend)) ((erregt)) ((verärgert))	Begleiterscheinungen des Sprechens (die Charakterisierung steht vor den entsprechenden Stellen)
sicher	auffällige Betonung, auch Lautstärke
s i c h e r	gedehntes Sprechen
( )	unverständlich
(so schrecklich?)	nicht mehr genau verständlich, vermuteter Wortlaut

Interview zur Städtepartnerschaft Wiesbaden – Tunbridge Wells

Datum des Interviews: 23.07.2013 Ort des Interviews: Café Orange, Wiesbaden Dauer des Interviews: ca. 22 Minuten Interviewte Personen: - Frau L , Vorsitzende der Royal Tunbridge Wells-Wiesbaden-Vereinigung

I: **Also die Beziehungen zu Tunbridge Wells lassen sich ja bis in die 60er Jahre zurückverfolgen. Eine Freundschaft**

Fr. L : Also die ersten Kontakte gab es `59, und also 1960 ging's eigentlich richtig los.

I: **Genau, dann wurde eine Freundschaft vereinbart.**

Fr. L : Ja, und 2010 wurde dann das 50-jährige, also die 50-jährige Freundschaft gefeiert.

I: **Okay. Aber offiziell unterschrieben wurde die Freundschaftsurkunde erst 1960 und dann 1989 wurde die Partnerschaftsurkunde unterschrieben.**

Fr. L : Die richtige Partnerschaftsurkunde unterschrieben.

I: **Wie kam das jetzt? Wenn man das mit anderen vor allem deutsch-britischen**

((Bestellungen werden bei der Kellnerin aufgegeben))

I: **Ja, also dann wurde die Partnerschaft erst 1989 verabschiedet. Das ist ja jetzt, wenn man jetzt andere deutsch-britische Partnerschaften vergleicht, relativ spät.**

Fr. L : Ja.

I: **Wie kam es denn relativ spät zu diesem Schritt erst?**

Fr. L : Weil das eine gewachsene Partnerschaft ist. Also die Kontakte bestanden ja durch die Soldaten, die hier die Bomben abgeworfen hatten, und die gucken wollten, was das für ein Land ist und was das für Menschen sind. Und die sind `59, kam der erste, Moment, ich guck mal hier ((schaut in ihren Unterlagen)) .. Der Fallschirmjäger Edgar Pinkert, `59 … der .. der mit Fred Thornton, ex-

Guardsman und first Battalion Coldstream Guard, also die, die gemeinsam die Idee der Verbindung zwischen beiden Städten entwickelten, ja. Und im März 1960 machten sich vier Ex-Soldaten, die stehen hier auch namentlich [in einer Pressemitteilung der Royal Tunbridge Wells-Wiesbaden-Vereinigung; nachzulesen in Anhang S. 72f.; Anm. des Autors] in die hessische Landeshauptstadt auf, nach Wiesbaden.

I: **Okay.**

Fr. L : Und die vier hatten an den letzten Tagen des Zweiten Weltkriegs eben an den Kämpfen am Rhein teilgenommen .. und sie wollten einen beispielhaften Beitrag zur Verständigung und Versöhnung zwischen den beiden früheren Kriegsgegnern leisten. Und so entstanden .. die kamen nämlich, Moment. 1962 waren 200 von ihnen mit ihren Familien zum ersten Mal in der hessischen Landeshauptstadt. Also so fing das an.

I: **Okay.**

Fr. L : So richtig fett. Und 1970, im November, wurde ein, wurde die Städtefreundschaft beschlossen. Und `89 erhielt diese Verbindung den Status der Städtepartnerschaft.

I: **Kann man denn sagen, dass sich dann mit dem Unterschreiben der Partnerschaftsurkunde irgendwas verändert hat?**

Fr. L : Insgesamt nicht. Aber es ist eben ein gewachsenes Gebilde, ja.

I: **Ja.**

Fr. L : Andere Partnerschaften, also die Partnerschaften, was Wiesbaden betrifft, entstehen ja aus verschiedenen Gründen. Und hier war das die Nachkriegsfreundschaft, ja diese Verbindung. Ocotal [Stadt in Nicaragua; Anm. des Autors] zum Beispiel, um zu helfen. Ja, das ist ein ganz anderer Grund. Wir haben uns ja nicht bekriegt. Oder Berlin-Kreuzberg, da gibt's ganz andere Gründe der Verbindung.

I: **Gut, jetzt haben Sie schon angesprochen, dass das Ziel natürlich war, von diesen Soldaten, die hier her gekommen sind, für Versöhnung oder Aussöhnung zu sorgen.**

Fr. L : Und sich kennen zu lernen.

I: **Sich kennen zu lernen. Gab es denn darüber hinaus dann direkt schon noch andere Ziele, mit denen dann später die Partnerschaftsurkunde unterschrieben wurde? Also so ein gewisser Leitfaden für die Partnerschaft?**

Fr. L : Ja, es wurden verschiedene Austausche angestrebt. Also, wie lange jetzt einzelne Austausche .. bestehen, weiß ich nicht genau. Ich bin jetzt auch erst

Vorsitzende seit zweieinhalb Jahren, also gut zwei Jahren. Hatte mit dem Verein vorher wenig zu tun, nämlich eigentlich nichts, bin dann zur Nachfolge von dem verstorbenen Vorsitzenden gewählt worden. Mit 18 war ich mit der Stadt Wiesbaden mit englischen Schülern, also das war der Stadtring damals von Wiesbaden. Wir sind zusammen im Bus nach Berlin gefahren. Ja, so eine gemeinsame Jugendgruppe. Und da habe ich damals den ehemaligen verstorbenen, inzwischen verstorbenen Vorsitzenden des englischen Partnerschaftsvereins kennen gelernt. Und da begegnete mir hier der Name wieder. Ich habe ihn jetzt aber nicht mehr kennen gelernt. Also damals ja, noch Brieffreundschaft mit seinem Sohn. Ja, und das konnte ich dann alles erzählen den Engländern: „Oh toll, schon mal eine alte Verbindung da gewesen."

I: **Ja gut, können Sie denn sagen, welche Rolle der Tourismus bzw. der gegenseitige Austausch bei der Partnerschaft spielt? Anders gefragt: Könnte so eine Partnerschaft überleben ohne einen Austausch?**

Fr. L : Schlecht. Also ich denke die Verbindung, dass, dass die Begegnungen stattfinden, ob in Tunbridge Wells oder bei uns, sehr wichtig sind und dazu eben förderlich, überhaupt dazu beitragen.

I: **Okay. Welche lokalen Akteure nehmen dann an diesen Austauschprogrammen teil?**

Fr. L : Ja, das ist über Sport. Es ist zum Beispiel der Deutsche Hockeyclub und eine neu aufgebaute Cricketmannschaft. Das ist im Werden gerade mit dem Cricket. Die Hockeyspieler, die waren schon ein paar Mal in Tunbridge Wells und englische Hockeyspieler waren hier. Dann über die Musik. Choraustausche, ja dass Chöre in beiden Städten singen. Mädchenchor jetzt in Wiesbaden wieder und der englische Mädchenchor soll hier her kommen. Also das betrifft auch nächstes Jahr vorwiegend wieder. Musik sowieso, dass Bands kommen. Auf dem Wilhelmsstraßenfest haben schon mehrfach Bands gespielt. Eine deutsche Musikgruppe hat in England gespielt vorheriges Jahr, in Tunbridge Wells. Da war Open Air auf der Leinwand. Opening der Olympischen Spiele. Da haben die gespielt. Und das war, und dann, dass die Schüler, Schüleraustausch über die Schule. Das Gymnasium am Mosbacher Berg schickt jedes Jahr eine Gruppe hin. Die machen Schülerpraktikum. Also in verschiedenen Berufen.

I: **Die gehen in verschiedene Firmen**?

Fr. L : Und englische Schüler kommen hier her und die leben dann auch in deutschen Familien.

I: **Ist das denn sehr ausgeglichen? Das heißt, wenn Schüler rüber gehen, kommen auch später englische Schüler wieder zurück?**

Fr. L : Ja, zum Beispiel der Schüleraustausch, der ist jetzt schon zwölfmal gewesen.

I: **Okay.**

Fr. L : Also zwölf Jahre. Ganz regelmäßig.

I: Also sehr ausgeglichen alles. Der Sportverein

Fr. L : Ja, sehr ausgeglichen.

I: der Musikverein. Okay, alles klar. Können Sie denn schätzen wie viel Teilnehmer das so jährlich sind auf beiden Seiten?

Fr. L : Ja, die Schüleraustausche zum Beispiel, das sind, das war mit dem G8, da waren zwei Jahrgänge, da waren es dann 36 Schüler, glaube ich. Sonst sind das so, ja, die Hälfte etwa. 19, 20, 17, 18. Und von der Gegenseite etwas weniger. So 9, 10, 12.

I: Okay.

Fr. L : In etwa. Beim Mädchenchor auch etwa .. ja, 30 Teilnehmerinnen glaube ich, waren das vorheriges Jahr. Das wechselt ja auch immer ein bisschen. Ich weiß jetzt nicht wie stark der anderen, das habe ich jetzt nicht nachgeguckt, wie stark der andere Mädchenchor war. Beim DHC [Deutscher Hockey Club; Anm. des Autors] waren es auch mit Begleitung über 50, also 56 Teilnehmer, die rüber gefahren sind. Auch vorheriges Jahr. Also mit Begleitung, mit Eltern, mit Sportleiter da, Trainer. Das waren auch 56 gewesen. Die deutsche Musikgruppe, wir waren zu sechst. Da bin ich mitgefahren. Und die Bands, die kamen, die ( )-Band, das waren auch, ich glaube so 20 Musiker etwa. 24, oder wenn der deutsche, der englische Partnerschaftsverein kommt, der kommt manchmal geschlossen als Vorstand, dann sind das auch etwa 14 Teilnehmer, die hier her kommen.

I: Das ist dann auch vom Verein aus Tunbridge Wells und nicht von, auf kommunaler Ebene, sondern der

Fr. L : Das ist vom Verein. Und dann haben wir verschiedene Projekte. Es gibt ein Fotographieprojekt, das kommt auch von englischer Seite. Zwei Fotographen, die sich hier umgesehen haben für die Kontakte, jetzt haben zu deutschen Fotographen. Die wollen so eine richtige, so ein Forum aufbauen im Internet über beide Städte mit Fotoansichten. Also wo normale Menschen auch nicht hinkommen. So alte Gebäude oder so Ruinen halt oder wo man nicht mehr rein kommt. Oder ein Fotograph hier aus Wiesbaden, der hat die Marktkirche, der hat ein ganzes Buch drüber gemacht über die Marktkirche, von allen Blickwinkeln. Super Bildband. Dann .. die, eine Gruppe von Interessengemeinschaft von Galeristen, vorheriges Jahr, ist an alle Partnerschaftsvereine ran getreten für den Kunstsommer 2014 in Wiesbaden. Und da sollen auch von den Partnerstädten Künstler beteiligt werden. Und aus England kommt auch eine Künstlerin, die jetzt im September, im August eingeladen wird.

I: **Okay. Jetzt gibt es die Theorie, dass bei solchen städtepartnerschaftlichen Austauschen überwiegend die Altersgruppe der unter 18-jährigen sowohl wie die Altersgruppe der über 45-jährigen teilnimmt. Können Sie das jetzt so mit ihren Erfahrungen so bestätigen? Also ich meine, bei Schüleraustauschen sind die wahrscheinlich überwiegend unter 18. Das heißt**

Fr. L : Ja, die sind dann unter 18, aber das ist, und der Mädchenchor. Die gehen dann schon bis .. auf 20 zu, ja. Einschließlich 20, Anfang 20. Jetzt kommt auch im August das Lydien Orchester, die spielen hier in der Bergkirche. Das ist ein Orchester mit 40 Teilnehmern und 10 Begleitpersonen. Am 22. August spielen die in Heusenstamm, am 23. August in der Bergkirche. Die sind auch ein junges Ensemble, so zwischen, ja, da sind so halbe Kinder dabei, ich glaube, schätzungsweise 14 vielleicht bis Anfang 20 auch .. so die Spanne.

I: **Aber man kann schon sagen, dass der größte Anteil zu den Jugendlichen gehört?**

Fr. L : Bei diesen Gruppen ja. Der Vorstand zum Beispiel, das sind lauter ältere.

I: **Die sind schon wieder über 45?**

Fr. L : Ja!

I: **Okay.**

Fr. L : Unser Vorstand, da bin ich so im Mittelbereich. Die jüngsten sind so .. um die 30. Gerade mit Heiraten, Kinder kriegen beschäftigt, so jetzt die letzten zwei Jahre. Da ist grad wieder jetzt eins unterwegs, das zweite. Und der älteste, die ältesten sind schon über 70. Ja, also Anfang 70. Das ist so bei unserem Vorstand. Und Mitglieder, mein Sohn ist der jüngste. Der ist jetzt 19. Und noch einen Student. Der ist, dürfte so Mitte 20 sein. Ich habe nie gefragt. ((lachend))

I: **Okay. ((lachend)) Aber so grob in die Richtung stimmt die Theorie?**

Fr. L : Grob sind das dann auch schon so die älteren Generationen, ja.

I: **Wie findet denn die Unterbringung statt, wenn jetzt zum Beispiel eine Austauschgruppe aus Tunbridge Wells hier nach Wiesbaden kommt? Egal aus welchem Bereich jetzt.**

Fr. L : Ja, zum Teil Jugendherbergen. Ja, auch dieses Orchester, das wird in der Jugendherberge wohnen. Da wollen wir auch gucken, ob die dann in der Fachhochschule essen gehen können, in der Mensa. Weil die auch günstig essen wollen, müssen. Ja, das Budget ist ja auch nicht so groß. Das ist eben immer eine Kostenfrage. Und Schüleraustausch zum Teil eben in Familien. Beim Mädchenchor war es glaube ich komplett in Familien. Und auch

Schüleraustausch von unserer Seite war auch in irgendwelchen Pensionen dann, die relativ günstig sind.

I: **Okay.**

Fr. L : Wo dann auch die, der Förderverein unterstützt und so.

I: **Also in Wiesbaden.**

Fr. L : Der Wiesbadener, ja.

I: **Okay. Und beim Sportverein, beim Hockey Club zum Beispiel werden auch Familien gesucht?**

Fr. L : Wie die jetzt untergebracht waren, das weiß ich nicht genau.

I: **Okay. Bei den Praktika, die angeboten werden?**

Fr. L : Das war ja der Schüleraustausch.

I: **Ach so, das geht darüber.**

Fr. L : Das war zum Teil in den Familien oder Pensionen.

I: **Und wenn dann Wiesbadener nach England rüber gehen, ist die Situation ähnlich, in Tunbridge Wells?**

Fr. L : Das ist immer ähnlich, ja.

I: **Gut. Können Sie so schätzen zu welcher Jahreszeit die Austausche überwiegend stattfinden? Gibt es da so eine Tendenz?**

Fr. L : Also der Schüleraustausch ist immer Ende Januar/ Anfang Februar, vom Mosbacher Berg. Also zuerst fahren die Deutschen rüber und im Februar kommen die Engländer hier her. Das ist eigentlich regelmäßig um die Jahreszeit.

I: **Okay.**

Fr. L : Was sich wohl eben im Schuljahresablauf da wohl am besten bewerkstelligen lässt. Zu nah an den Ferien ist schon wieder, ich denk, das hat der Lehrer so .. geplant. Chor ist oft auch, spielt eine Rolle auch mit den Ferien auch immer, wann das klappt, ja. Drüben und hier. Das war jetzt, der Mädchenchor von Kent war hier im Januar gewesen und unser Mädchenchor war im dann in den Herbstferien drüben. Im Oktober, vorheriges Jahr.

I: **Okay.**

Fr. L : Fünf Tage glaube ich, ja. Irgend so was.

I: **Können Sie denn irgendwie sagen, ob sich die Art der Austausche im Laufe der Jahre irgendwie, von Beginn an bis jetzt, irgendwie verändert haben? Also sind es mehr Teilnehmer geworden, mehr Fahrten?**

Fr. L : Also dazu kann ich jetzt eigentlich nicht so viel sagen. Aber ich denke im Großen und Ganzen, Deutscher Hockey Club, das haben die ja auch immer selber organisiert. Dass das immer ähnlich abläuft, denke ich. Cricket ist erst im Aufbau. Choraustausche gab es ja auch schon, also mit Erwachsenen-Chören. Also Kirchenchor war von der Lutherkirche. Das sollte auch vorheriges Jahr stattfinden mit Verdi-Requiem. Da war, da gab's aber Knatsch in England und dann haben die das dann abgesagt. Da weiß ich jetzt weiter nicht so viel. Da war jetzt weiter nichts. Und was hatte ich denn noch, da muss ich mal gucken ((schaut in ihren Unterlagen)) .. ach ja, da gab's noch die Bloco Fogo Samba Band, die war schon zweimal hier. Die hat dann immer auf dem Hafenfest hier gespielt. Anfang Juli zum Beispiel. Das war dann auch ein ganzer Bus voll. Mit Empfang im Rathaus. Da haben die auf der Rathaustreppe gespielt und dann am Nachmittag hier auf dem Hafenfest. Das ging aber nur, wenn die von Coburg kamen, wo das Samba-Festival stattgefunden hat. Dieses Jahr hätte es auch klappen können, aber aus finanziellen Gründen haben die das dann auch abgesagt, weil die nicht genug Geld hatten. Fahrradaustausch gibt's auch noch. Dann .. eine alte Verbindung, die inzwischen eingeschlafen war. Genau, die Roten Herolde von Wiesbaden haben wieder Kontakt aufgenommen zu den Sea Cadets von Tunbridge Wells. Und da soll, die wollen nächstes Jahr kommen, die Sea Caddets, im August.

I: **Was genau ist das jetzt für eine Branche? Ich kenne die nicht.**

Fr. L : Die spielen, die machen Musik. So … die auch marschieren. Die haben hier schon auf dem Wiesbadener Karnevalszug sind die mitmarschiert.

I: **Ah, okay.**

Fr. L : Also alle in der gleichen Uniform.

I: **So Marschkapellen irgendwie.**

Fr. L : Ja, Marschkapelle, so was. Und die Roten Herolde wissen aber noch nicht, wann sie wieder rüber fahren können. Das war also eine Gruppe, die schon in den 60er Jahren auch .. Austausch hatten. Und das ist dann versandet zum Einen mehr oder weniger und das, die lassen das gerade neu aufleben seit ein/zwei Jahren. Und .. dann gibt's noch eine Verbindung unter den Radfahrern. Das kleckert im Moment auch vor sich hin. Dass die englischen Radfahrer hier her kommen sollen. Das ist auch schon seit zwei Jahren im Gespräch. Vielleicht klappt's dann nächstes Jahr ((lachend)).

I: **Ja, ich hatte irgendwie gehört, dass jemand glaube ich aus Tunbridge Wells vor hat, mit dem Fahrrad hier her zu fahren. Also die ganze Strecke.**

Fr. L : Ja, genau. Und dass die deutschen Radfahrer ihnen dann entgegen kommen.

I: **Ah, okay. Sich dann in der Mitte treffen? Ah, okay.**

Fr. L : Und dann gemeinsam hier eintreffen.

I: **Das ist in Planung.**

Fr. L : Die Radfahrergruppe war früher auch ein Zweig des DHC, aber ich glaub, die haben inzwischen .. sind die anders organisiert. Also nicht mehr direkt beim DHC, aber das weiß ich nicht so genau. Dann hatten wir vor zwei Jahren, das war 2011 auch, auf dem Weinfest, auf der Weinwoche, einen englischen Winzer im Partnerschaftsweinstand. Ist ja jedes Jahr ein anderes Land. Vorheriges Jahr war es Polen. Dieses Jahr ist es Montreux. Und da haben wir auch ausgeholfen, also mit Ausschenken. Das war also aus Süd-England ein Winzer, mit einer deutschen Ehefrau. Und, gut, vorheriges Jahr war es Polen, das war auch ein junger Wein-Winzerbetrieb. Das war ein Amerikaner, der eine polnische Frau geheiratet hat, da Wein anbaut jetzt. Der hat übrigens in Geisenheim studiert. Also es gibt immer irgendwelche Verbindungen und Verzweigungen. Also es ist schon interessant das Ganze.

I: **Das glaube ich, ja. Also es findet ja so überwiegend, also findet das über Austausche statt. Das heißt, größere Gruppen immer, die sich gegenseitig besuchen?**

Fr. L : Ja. So ist es, ja.

I: **Wissen Sie denn auch von irgendwie .. von .. also von, ja, von Tourismus zwischen den beiden Städten irgendwie, zwischen Verwandten, zwischen Bekannten oder so, das heißt, dass Einzelpersonen auch regelmäßig zwischen diesen beiden Städten verkehren?**

Fr. L : Weiß ich jetzt nicht über den, also nicht direkt über den Verein. Ich weiß nur von anderen, durch Zufall. Ich war ja vorheriges Jahr auch in Tunbridge Wells zum ersten Mal und bin da mit .. wurde da auch, hatte, war immer in Begleitung von dem Verein dort und habe eine Lehrerin von meinem Sohn da gesehen. Die Frau kommt mir bekannt vor, so gegenüber, so 20 Meter, ja. Wir waren beim Tee trinken und irgendwie kenne ich die Frau und dann sind wir hingegangen und das war die. Die macht seit 20 Jahren Urlaub in Halstings und war an dem Tag in Tunbridge Wells. Die hat da auch immer so ihren Ausflug hin gemacht. Und eine Mitsängerin im Chor, ich singe hier in der Schiersteiner Kantorei, die hat Verwandtschaft in England. Ich weiß jetzt aber nicht, in London, also die sind auch jedes Jahr mindestens ein/zwei Mal dann dort zu Besuch, ja.

I: **Also sie sind in London und fahren dann von dort einfach mal nach Tunbridge Wells?**

Fr. L : Auch, ja.

I: **Das heißt, man könnte ja sagen, wenn es diesen Austausch zwischen den beiden Städten nicht geben würde, oder diese Partnerschaft, dann würde es diesen Tourismus zum Beispiel nicht geben, dass die von London einfach mal nach Tunbridge Wells rüber fahren.**

Fr. L : Also ich denke, dass es die Verbindung gibt, ist schon von Vorteil.

I: **Auch für den Tourismus dann auch.**

Fr. L : Ja, das ist ja auch das Ziel.

I: **Okay. Ja, das war meine Frage auch. Ja, dann eine letzte Frage jetzt noch: Sind Sie zufrieden mit der partnerschaftlichen Zusammenarbeit?**

Fr. L : Ich sehr, ja. Also das ist von Partner, von Verein zu Verein auch verschieden. Also die Spanier zum Beispiel, die sagten, die haben immer direkt Kontakt mit dem Bürgermeister dort und das wäre schwierig. Und ich hab ja nun den Verein gegenüber und habe dort einen ganz tollen Partner, mit dem ich mich austausche. Erstens mal die Christine P und dann der Präsident dort, der auch gut Deutsch kann. Der Michael Holman, wir haben dauernd Email-Austausch, ja. Auch hier mit dem Rathaus. Das ist ein ständiger Verbindungen-Austausch. Also permanent.

I: **Okay.**

Fr. L : Und ich bin da höchst zufrieden, also es könnte gar nicht besser laufen.

I: **Okay, perfekt. Gut, das war dann im Prinzip schon das Interview. Dann bedanke ich mich sehr herzlich dafür.**

Interview zur Städtepartnerschaft Wiesbaden – Tunbridge Wells

Datum des Interviews: 09.07.2013
Ort des Interviews: Rathaus Wiesbaden
Dauer des Interviews: ca. 16 Minuten
Interviewte Personen: - Frau N., Leitung Protokoll und kommunale Auslandsbeziehungen - Frau D., Mitarbeiterin Protokoll und kommunale Auslandsbeziehungen - Frau J., Mitarbeiterin Protokoll und kommunale Auslandsbeziehungen

I: **Viele deutsch-britische Städtepartnerschaften wurden bereits in der Nachkriegszeit aufgenommen und sollten zur Aussöhnung zwischen den beiden Völkern dienen. Ihre Partnerschaft zu Tunbridge Wells ist da noch vergleichsweise jung. Wie kam es denn 1989 zu der Städtepartnerschaft?**

Frau N.: Das ist schwierig zu sagen. Ich glaube, die Beziehung hatte einfach damit zu tun, dass man eine Städtefreundschaft gegründet hat.

Frau D.: Also Hintergrund ist, dass 1960 eine Versöhnungsbereitschaft und gegenseitige Besuche von englischen und deutschen Kriegsteilnehmern stattgefunden hat. Und diese engen Kontakte haben die beiden Städte dazu veranlasst, 1970 einen Vertrag über Städtefreundschaft abzuschließen und dieser wurde dann 1989, oder errang dann 1989, den Status einer Städtepartnerschaft. Also der Ursprung sitzt in den 60er Jahren und der Hintergrund ist natürlich die Versöhnung gewesen.

I: **Was hat sich dann mit dem Unterschreiben der Partnerschaftsurkunde verändert?**

Person1: Das ist doch eine Frage, die wir gar nicht beantworten können. Weil das steht ja nicht in der Unterlage, dass wir uns jetzt noch besser ausgetauscht haben. Wissen Sie, das sind so schwer zu greifbare Fragen. Wir können sagen, wir glauben natürlich, dass sich die Beziehung natürlich verändert hat, weil das natürlich der Hintergrund war. Es sind Freundschaften entstanden, es wurde ein besserer Austausch. Aber sie können eine Städtepartnerschaft ja auch nicht damit messen, dass man sagt: „Oh, bevor die Städte befreundet waren, hatten die einen Bruttoinlandsprodukt von XY und nachdem sie befreundet waren, ein anderes.“ Das sind Sachen, die sind sehr sehr schwer messbar. Weil es geht um Freundschaften, um Beziehungen, um den Austausch zwischen Menschen.

I: **Ich dachte, man hat ja einen gewissen Leitfaden auch wahrscheinlich vereinbart in den...**

((Kopfschütteln von Frau N.))

I:	**Gibt's gar nicht?**
Frau N.:	Nein. Ich glaube, das hatte ich ihnen am Telefon schon gesagt, ich denke sie gehen von falschen – ohne das kritisieren zu wollen – von anderen Voraussetzungen aus.
Frau D.:	Also grundsätzlich sind natürlich Städtepartnerschaften dazu gegründet worden und dahingehend gegründet worden, dass es einen Austausch gibt zwischen den Städten. Dann hat es natürlich damals einen andern Schwerpunkt gegeben, jede Stadt sieht da einen anderen Schwerpunkt, wo sie ihre Städtefreundschaft oder Städtepartnerschaft mit .. belegt. Ursprung ist auch jedes mal ein anderer. Wir haben natürlich, Wiesbaden hat natürlich unterschiedliche Städtepartnerschaften. Wir haben eine zu Nicaragua, Ocotal, dritte Welt. Das ist eine Unterstützung der Aktivitäten in der dritten Welt gewesen. Das ist aber immer: Wer ist derjenige? Wer ist der Initiator der Städtepartnerschaft gewesen?
Frau N.:	Und wie lange ist es her.?
Frau D.:	Wie lange ist es her? Ist es eine politische, ist es eine private? Also das ist dann sehr sehr unterschiedlich und wird diese Städtepartnerschaft im Laufe der Jahre auch von diesen privaten oder aber auch von den politischen Gremien, die es initiiert haben, weiter gepflegt. Oder wird es nicht weiter gepflegt.
Frau N.:	Es geht zum Beispiel auch gar nicht so sehr – das denke manche, dass dann ein Austausch zwischen den Verwaltungen stattfindet. Natürlich tauschen sich auch die Stadtverwaltungen aus, aber das ist nicht der Hintergrund der Städtepartnerschaft. Im Falle jetzt zum Beispiel mit Istanbul Fatih, wo ein ganz anderes Regierungssystem vorherrscht, kann man sagen, man könnte davon, oder voneinander profitieren, indem man sich mal anschaut, wie es der eine macht und wie es der andere macht. Aber das sind nie die Ziele einer Städtepartnerschaft.
I:	**Genau, Sie meinen jetzt, dass der Austausch nicht auf der kommunalen Ebene stattfindet. Aber es findet ja ein Austausch in der Bevölkerung irgendwie statt. Bestimmt Schüleraustausch, Austausch zwischen Vereinen und so. Können Sie mir dazu was sagen, was da stattfindet und in welchem Rahmen das stattfindet?**
Frau D.:	Das ist unterschiedlich. Das sind also Schulen, zum Beispiel Tunbridge Wells hat einen starken Austausch mit bilingualen Schulen hier in Wiesbaden. Da findet ein regelmäßiger Austausch von Schülern und Schülerinnen statt. Dann gibt es .. einen Musikverein, die arbeiten mit der Wiesbadener Kunst- und Musikschule zusammen. Dann gibt es den Hockeyclub hier in Wiesbaden, die tauschen sich mit dem Hockeyclub in Tunbridge Wells aus. Das ist ganz unterschiedlich. Das ist auch von Jahr zu Jahr unterschiedlich. Also das hängt immer an der Initiative und den Anfragen, auch der Vereine, der

Organisationen. Wie ist das finanzielle Budget in dem Jahr, kann ich einen Austausch, finde ich Familien, findet das vielleicht sogar in der Stadt, jetzt zum Beispiel Tunbridge Wells statt, wenn Ferien sind oder wenn hier andere Aktivitäten sind. Das kann in einem Jahr viel sein, das kann in einem Jahr wenig sein

I: **Sie haben das mit den Familien ja auch schon angesprochen. Wie ist das denn mit der Unterbringung so generell? Also es wird wahrscheinlich beim Schüleraustausch vermutlich auch viel in Familien**

Frau D.: Nur. Also Schüleraustausche finden nur in Familien statt, die werden also nicht in Hotels untergebracht. Das organisiert dann der Partnerschaftsverein oder die jeweilige Schule. Da werden dann Aufrufe in der Zeitung gemacht; Wiesbadener Kurier: „Es kommen wieder Austauschschüler!". Aber das ist nicht nur bei Tunbridge Wells so, das ist bei den anderen Partnerstädten genauso, wenn es um Schüler und Schüleraustausche geht, dass dann eben Gastfamilien in beiden Städten jeweils gesucht werden.

Frau N.: Da spielt auch die Stadt keine Rolle. Also, es ist nicht so, dass wir dann Vermittler sind und das unterstützen oder .. auch noch helfen bei irgendwelchen Reisebuchungen. Sondern das müssen die Bürgerinnen und Bürger, bzw. die entsprechenden Partnerschaftsvereine wirklich selbst organisieren. Das einzige, wo die Stadt wieder eingreift, in Gänsefüßchen, oder eine Rolle spielt, ist wenn man zum Beispiel das städtepartnerschaftliche Jubiläum feiert. Aber natürlich auch nur zu bestimmten Zahlen, also 25 und 50. Wir nehmen nur die runden und halbrunden Jubiläen, weil man sonst ja aus dem Feiern auch nicht mehr heraus käme und da ist es dann schon so, dass man offizielle Delegationen entsendet oder offizielle Delegationen einlädt. Da spielt dann auch die Stadt eine Rolle, aber ansonsten ist der ganze Austausch auf Schüler- oder Sportebene Sache der Vereine.

I: **Gibt es denn auch Austausch zwischen Firmen zum Beispiel? Dass irgendwelche Firmen aus Wiesbaden mit Firmen aus Tunbridge Wells kooperieren?**

Frau D.: Das ist uns zumindest nicht bekannt. Das könnte sein, aber das wird ja auch nicht gefordert.

Frau N.: Das sind so Informationen, die die IHK zum Beispiel macht. Das wären so Anfragen, die an die IHK gestellt werden müssten, oder aber der Partnerschaftsverein. Die wenden sich dann teilweise auch direkt an Firmen. Wenn die einen Austausch möchten, dann wenden die sich direkt an die diese Firmen.

I: **Ich denke, da werde ich auch nochmal nachfragen bei der IHK, das steht auch noch auf dem Plan. Aber um nochmal auf die Schüler zurückzukommen. Sie hatten ja schon gesagt, dass da viel stattfindet. Wie**

ist das denn mit der Sprache? Wird denn dort viel oder fast nur auf Englisch dann kommuniziert oder .. gibt es auch die Möglichkeit dort Deutsch zu lernen und wird das auch gemacht?

Frau N.: Wo jetzt, in England?

I: In Tunbridge Wells, genau.

Frau D.: Gibt es auch. Es gibt eine Schule in Tunbridge Wells, die unterrichten auch Deutsch oder haben Deutsch unterrichtet. In wie fern das noch im Lehrplan ist, weiß ich nicht, aber .. klar, unsere Schüler gehen rüber, um Englisch zu lernen drüben, um sich auszutauschen mit den Familien. In wie weit natürlich jetzt die entsprechende Alters, es kommt ja auch immer auf die Altersklasse an. Es gibt ja Schulen, die ja nur ein oder zwei Jahre Deutsch unterrichten, ja. In wie weit die noch der deutschen Sprache mächtig sind oder ob dieser Austausch dann wirklich nur auf Englisch stattfindet, wissen wir nicht, kann ich auch nicht nachvollziehen. Also ich weiß, dass es vereinzelt Schüler gibt, die drüben Deutsch sprechen, aber ob und in wie weit das so üblich ist, wissen wir nicht.

I: Also mit solchen Fragen dann eher an die Vereine wenden?

Frau N.: Ja genau, das ist der Punkt. Die Stadt spielt da einfach keine Rolle.

Frau D.: Oder einfach an die Schulen zum Beispiel wenden. Eine Rundfrage machen an die Schulen. An einzelnen Schulen zu gucken, mit welchen Schulen sind da Kooperationen und wie findet das statt. Also da können ihnen dann die Schulen entsprechend Auskünfte geben.

I: Ja, werde ich machen dann. Gut, sie als Stadt betreffend, können Sie denn irgendwie abschätzen oder irgendwie sagen, ob oder wie die Stadt Wiesbaden jetzt speziell von dieser Partnerschaft mit Tunbridge Wells profitiert, vielleicht auch allgemein gesagt, von allen Partnerschaften?

Frau N.: Ja, das ist ja genau das Thema, das wir gerade hatten. Das ist kein messbarer Wert. Und diese Grundidee einer Partnerschaft ist wirklich dieses, wir nennen es mal das Friede-Freude-Eierkuchen-Prinzip, dass man eine Völkerverständigung herstellt oder den Boden ebnet, dass man sagt, es gibt Menschen anderer Kulturen, die auch anders leben, anders denken und dass man sich dessen nicht verschließt, sondern einfach auch öffnet und schaut über den Tellerrand, was passiert bei anderen. Das ist nicht messbar. Sie können jetzt auch nicht hergehen und sagen: „Ist die Ausländerfeindlichkeit gegenüber Briten vielleicht zurückgegangen oder so?“ Das sind alles keine Messgrößen. Wir können eben nur dazu beitragen, indem wir sagen, ja wir wissen von diversen Aktivitäten, dass es Schüleraustausch und Sportaustausch gibt und wir hoffen, dass das natürlich dazu beiträgt, dass junge Menschen eben auch einer Stadt wie Tunbridge Wells gegenüber offen entgegen treten, aber alles andere

Frau D.: Der Grund ist ganz einfach schon immer gewesen der Austausch von Kulturen und zu sehen, wie leben andere, wie leben wir, wie leben andere, ist es sehr unterschiedlich, ist es trotz Sprachunterschiede, trotz klimatischer Unterschiede oder so, ist es gleich, ist es identisch, wie leben Jugendliche? Und dafür wird natürlich auch der Austausch gemacht. Wie ist das Schulsystem zum Beispiel in England? Die besuchen ja zum Teil auch die Schulen mit. Wie ist der Unterricht da aufgebaut, wie ist der Unterricht hier aufgebaut? Das ist für uns kein messbarer Punkt, wie Frau N. schon sagte, sondern das ist einfach ein Erfahrungswert und das ist ja auch dieser Austausch, diese Gemeinsamkeiten und die Unterschiede kennen zu lernen und transparent auch zu machen, sich zu öffnen für andere Menschen, andere Kulturen, andere Länder. Das ist der Hintergrund. Und so lange solche Städtepartnerschaften natürlich auf dieser Basis funktionieren und weiter leben, hat es auf jeden Fall einen Wert, denn wenn es einschläft, hat es keinen Wert mehr und dann bringt keinem mehr das was. Aber so lange eine Partnerschaft fortbesteht und der Austausch stattfindet, auf welchen Gebieten auch immer, hat sie einen Wert.

Frau N.: Da kann die Rolle der Stadt auch immer nur sein, zu sagen: „Ja, wir haben diese Städtepartnerschaft mit dieser anderen Stadt." Und vielleicht ab und zu mal die Bürgerinnen und Bürger darauf hinzuweisen oder wenn wir Jubiläen haben, Aktionen zu starten, nochmal das transparenter zu gestalten, dass allen bewusst ist, ja wir haben jetzt zum Beispiel Tunbridge Wells oder ja, Tunbridge Wells ist ein gutes Beispiel. Wir haben nächstes Jahr Jubiläum mit Tunbridge Wells, wir haben aber auch nächstes Jahr Jubiläum mit einer Stadtteilpartnerschaft in Berlin. Kreuzberg

Frau D.: Friedrichshain, entschuldigung! Berlin-Friedrichshain-Kreuzberg.

Frau N.: Ja, genau. Es läuft trotzdem als Städtepartnerschaft, ne?

Frau D.: Ja.

Frau N.: und da dann Aktionen zu starten, die vielleicht auch darüber hinausgehen, dass man nur über Schüleraustausch oder Kulturaustausch geht. Ich denke in dem Fall ist das schwierig.

Frau D.: Ja genau, Ich denke, dass könnten sie dann messbar machen, wenn Sie vergleichen, bei anderen Städten, gibt es in irgend einer Stadt eine Städtepartnerschaft, die nicht mehr gelebt wird, die nicht mehr existiert?

I: **Gibt es ja.**

Frau D.: Genau. Dann kann man sagen, ok, eine Städtepartnerschaft hat zum Beispiel ihren Sinn verloren oder wird nicht mehr gelebt oder sonst irgendwas. Aber so lange eine Städtepartnerschaft lebt, mit Aktivitäten gefüllt wird, mehrfach über das Jahr sowohl da als auch da, hat sie einen Wert.

Frau N.: Einen nicht messbaren.

Frau D.: Aber einen nicht messbaren.

Frau N.: Und Sie treffen unsere Kollegin in Mainz glaube ich noch. Er wollte Mainz noch untersuchen.

I: Kollegin? Ich hatte mit dem Herrn Eigner gesprochen.

Frau N.: Ja, also die Leiterin der Protokollabteilung ist eine Frau, aber vielleicht

I: Ja, ich weiß noch nicht, mit wem ich mich da treffe. Das steht noch in den Sternen.

Frau J.: Wenn ich mich da mal einklinken darf, denn gerade bei Tunbridge Wells ist es ganz erstaunlich, dass es von dieser Intention, dass sich Kriegssoldaten annähern wollen nach Ende des Krieges, dass wir jetzt hauptsächlich dabei sind, dass sich junge Leute treffen, das finde ich ganz erstaunlich, wie das weitergegeben wird und welche Entwicklungen und welche Evolution so eine Partnerschaft auch .. mitmacht und mitträgt und wie das Leben einfach sich verändert in so einer Städtepartnerschaft. Also das waren ja ganze andere Menschen mit ganz anderen Erfahrungen und ganz anderen Erlebnissen, ganz bösen Erlebnissen und jetzt kommen wir hin, wir sprechen zwei Sprachen, wir sprechen die Sprachen des anderen. Das finde ich eigentlich sehr erstaunlich.

Frau N.: Das stimmt, ja. Das ist eben auch nicht auf dieser Ebene der alten Menschen, um es mal so blöd auszudrücken, geblieben ist, sondern dass die das an die nächsten Generationen weitergeben konnten.

I: Das heißt, haben Sie denn da irgendwelche Kenntnisse, also es stand schon von vornherein auch immer die Jugend im Fokus?

Frau N.: Nein, das hat sich so entwickelt. Wenn diese älteren Menschen, dadurch entstehen Freundschaften nach dem Krieg, man ist näher zusammen gerückt. Ich glaube mich zu erinnern, dass der Hintergrund auch war, dass viele Deutsche damals in Tunbridge Wells oder in der Nähe von Tunbridge Wells in einer Art Internierungslager waren. Und dadurch sind die Kontakte erstmals entstanden. Dadurch hat man gesagt: „Ach, die Deutschen sind ja gar nicht so gemein, wie wir immer dachten.“, oder „Die Engländer sind ja gar nicht so komisch, wie wir immer dachten.“ Und durch diese Freundschaften, die diese Menschen dann miteinander geknüpft haben, ist das gewachsen und entstanden und das haben sie an die nächste Generation weitergegeben und an die übernächste und irgendwann sagt man: „Lasst uns doch daraus, lasst uns das irgendwie in Form einer Urkunde festhalten, lasst uns eine Städtepartnerschaft begehen.“

I: OK .. dann habe ich noch eine Frage oder einen Aspekt, den ich gerne noch ansprechen würde. Und zwar mit der Finanzierung. Wenn man zum Beispiel Schüleraustausche betrachtet, werden die dann grundsätzlich selber finanziert von den Schülern oder gibt es Unterstützung der Stadt?

Frau D.: Das kommt auf die Aktivitäten an. Es gibt welche, es gibt Unterstützung, aber es wird nicht alles unterstützt. Also das wuppen oder das machen die Schulen alle alleine.

Frau N.: Es gibt keine projektbezogene Unterstützung. Sondern in dem Fall, wenn zu einer Partnerstadt eben auch ein Partnerschaftsverein gegründet wurde. Und dieser Verein hat die Möglichkeit, Fördergelder bei der Stadt zu beantragen. Die bekommt er aber nur, wenn er sich auch regelmäßig an Aktivitäten beteiligt. Also so beißt sich die Kuh doch so ein bisschen in den Schwanz, so dass man doch eine gewisse Kontrolle über Aktivitäten hat, sobald es einen Verein gibt. Wenn es keinen Partnerschaftsverein gibt, kann die Stadt auch nichts fördern, weil wie sollte das funktionieren? Da ist dann jeder selbst gehalten, die Themen auch rüber zu bringen.

Frau D.: Über Spenden zum Beispiel. So wenn zum Beispiel ein Hockeyevent oder so was organisiert wird, oder ein Hockeywochenende, dann werden die beiden Vereine dann auch mit darein in die Vorbereitung und Finanzierung genommen. Dann wird dort geguckt, kriegen wir Sponsoren, wird etwas über die Rotarier gemacht, wird etwas über den Lions Club gemacht. Die spenden natürlich auch für solche Aktivitäten dann.

Frau J.: Einnahmegelder, die sie erzielen. Kuchenverkauf oder gegrillt.

Frau D.: Mitgliedsverein, Mitgliedsbeiträge.

Frau J.: Gelder, die die Vereine dann dazu hernehmen können, um ihre Projekte zu finanzieren.

I: Gut, ich denke, dann haben wir das dennoch gut durchsprechen können und bedanke mich recht herzlich.

Interview zur Städtepartnerschaft Mainz - Watford

Datum des Interviews: 01.08.2013

Ort des Interviews: Café Figaro, Mainz

Dauer des Interviews: ca. 40 Minuten

Interviewte Personen: - Herr E , Vorsitzender des Freundschaftskreises Mainz - Watford
- Frau S , Vorstandmitglied des Freundschaftskreises Mainz - Watford

I: **Auf der offiziellen Homepage des Freundschaftskreises wird der Buchdruck als verbindendes Element zwischen Mainz und Watford genannt. Das ist, wird auch mit als Begründung genannt für die Aufnahme der Partnerschaft. Welche Gemeinsamkeiten waren denn damals noch verantwortlich .. oder entscheidend?**

Herr E : Also, um nochmal auf den Buchdruck einzugehen: Watford war in den 50er Jahren eine der Zentren der Buchdruckindustrie. Industrielle Produktion von Büchern, Zeitschriften, Literatur und dann hat man von Watford-Seite aus eine Partnerstadt gesucht, die den Buchdruck gemein hat und ist dann auf Mainz gestoßen über den Gutenberg. Ein bisschen später als Gutenberg war ja in England – allerdings nicht in Watford – war ja auch ein Buchdrucker unterwegs, der unabhängig wohl von Gutenberg auch die beweglichen Lettern nochmal zusätzlich eingeführt hat. Das hatte aber mit der Partnerschaft nichts zu tun. Und … die Gründe, die sind auch noch die Aussöhnung nach dem Zweiten Weltkrieg. Die Wunden des Krieges waren ja noch ganz ganz frisch. Bis heute lebt ja die Erinnerung an den verheerenden Bombenangriff vom 27. Februar '45 nach, bei dem Mainz ja in Teilen bis zu 85/90% zerstört wurde und zehntausende von Opfern zu beklagen hatte und das wird ja auch jedes Jahr … ja, erinnert mit einem Gedenktag, mit einer Gedenkstunde auf dem Hauptfriedhof und von daher war damals wie heute auch Aussöhnung wichtig. Heute etwas weniger, die Sachen haben sich verschoben, aber .. Vorurteile überwinden, sich wieder annähern, nachdem man vorher verfeindet war, Kriegspartei gegenseitig war, das war schon ein ganz wichtiges Motiv.

I: **Ja, ich denke Aussöhnung ist ja ein entscheidender Punkt gerade bei diesen Partnerschaften, die ja vor allem zwischen deutschen und britischen Städten um die 1950er Jahre entstanden sind. Jetzt habe ich gelesen, dass es auch Hilfsmaßnahmen gab, unter anderem, dass die britischen Städte ihren deutschen Partnern irgendwie geholfen haben. Mit Hannover eine – jetzt weiß ich leider die britische Stadt nicht mehr – die haben Kleiderspenden organisiert und so. Dass aus der britischen Stadt nach Hannover Kleiderspenden für die noch unter den Kriegsfolgen**

leidenden Deutschen geschickt wurden. Gab es so etwas ähnliches auch irgendwie zwischen Mainz und Watford?

Herr E : Also das ist uns nicht bekannt. Das wurde auch von den damals handelnden Akteuren jetzt nicht berichtet. Einer der letzten wichtigen Zeitzeugen, der Herr Darlem, ist ja dieses Jahr gestorben. Der hat auch in den Gesprächen diesbezüglich nichts erwähnt. Ich will nicht ausschließen, dass es was gab, ja, es kann auch sein, dass es auf privater Ebene, auf .. Bekanntschafts-, Freundeskreisebene, die es ja immer gab, auch während des Krieges, dass da Kleiderspenden und andere Sachen nach Deutschland geschickt wurden. Unabhängig von Watford, also von .. Personen, die in England wohnen .. wohnten, und .. das kann ich mir schon vorstellen, aber es war nichts organisiertes in Sachen Sammeltransport, so wie man es heute in Osteuropa organisiert.

I: Gab es denn später nochmal irgendwelche Aktionen, wo sich gegenseitig geholfen wurde, was jetzt nichts mehr mit Kriegsfolgen irgendwie zu tun hatte?

Herr E : Also es gab .. ja einen Vertrag. `56, als die Partnerschaft gegründet wurde. Die Partnerschaft wurde ja gegründet in einem Verein mit einer Sektion Mainz und einer Sektion Watford. Und in dem Vertrag steht, dass die jeweiligen Oberbürgermeister wechselseitig für ein Jahr jeweils dann den Vereinsvorsitz haben. Und in diesem Vertrag steht, dass dann auch Beamte der jeweiligen Stadtverwaltung für ein Jahr .. die Partnerstadt besuchen sollen und dort arbeiten sollen. Das ist wohl auch am Anfang bis in die 70er Jahre hinein, zu Zeiten von Jockel Fuchs, teilweise so praktiziert worden, dass es durchaus Austausch gab. Nicht unbedingt immer zwölf Monate, vielleicht auch nur sechs Monate. Aber das gab es. Aber das war jetzt weniger, um sich gegenseitig zu unterstützen, sondern um sich besser kennen zu lernen, um sich anzunähern.

I: Das heißt, es hat ja im Prinzip schon ziemlich früh dann so ein Austausch auf kommunaler Ebene stattgefunden, was ja – wie sie auch sagten – ein Ziel war. Vielleicht zum Abschluss des Freundschaftsvertrages, des Partnerschaftsvertrages: Die Aussöhnung wird ja ein weiteres Ziel gewesen sein. Gab es denn darüber hinaus noch andere Ziele, die mit dem Vertrag unterschrieben wurden?

Herr E : Ja, also, ein ganz ganz wichtiges .. ein ganz wichtiger Aspekt war der Jugendaustausch. Beide Seiten waren sich einig, es wird sehr sehr schwer, die Mehrheit der erwachsenen Bevölkerung nach den Kriegsereignissen so umzudrehen, dass man sich gegenseitig kennen und lieben lernt .. und anfreundet .. und die Bomben und die Schrecken des Krieges und die Toten - und vor allem auch die Phosphorbomben, die Brandbomben – da vergisst und hinter sich lässt. Also konzentrierte man sich auf die Jugend und initiiert erstmal den Schüleraustausch. Und da war schon unseres Wissens, ein Jahr vor, ein Jahr vor dem Partnerschaftsvertrag war der erste Schüleraustausch. 1955 mit der Höheren Handelsschule. Das war die Schule, das war eine reine Mädchenschule. Damals war noch so die Auffassung, die Mädchen machen kein Abitur. Die brauchen das nicht, die heiraten ja mal und bekommen Kinder und wenn sie sich weiterbilden wollen, gehen sie auf die Höhere Handelsschule, machen einen höheren Abschluss. Die Schule für die höheren Töchter .. und für die höher gestellten. Das sind so die Schlagworte. Und die hatten `55 den ersten Schüleraustausch in Watford. Und da gibt's auch noch Bilder von, da gibt's noch schwarz/weiß Fotos. Also wenn sie da ein paar haben wollen, kann ich da auch welche zur Verfügung stellen.

I: Klar, gegebenenfalls

Herr E : So beispielhaft. Also es gab eine ganze Sammlung von diesem Schüleraustausch.

I: Gab's denn da auch einen Gegenbesuch dann?

Herr E : Es gab auch einen Gegenbesuch, ja. Es gab auch Gegenbesuche seit dieser Zeit, seit `55.

I: Also das läuft immer noch?

Herr E : Das läuft immer noch. Natürlich gibt es die Höhere Handelsschule nicht mehr. Das wurde geschlossen und dann gab's ja das Mädchengymnasium, wie das Frauenlob-Gymnasium, die ja heute noch den Schüleraustausch machen und das Schlossgymnasium. Und bis vor zwei/drei Jahren hat auch Maria Ward [Maria Ward-Schule; Anm. des Autors] .. noch einen Schüleraustausch durchgeführt, der dann zum Erliegen kam, weil die englische Partnerschule kein Deutsch mehr unterrichtet. Ja, also das sind, das ist heute sehr aktiv gepflegt, die Schüleraustausche.

I: Ich denke mal, dass der Schüleraustausch ja bei diesen Partnerschaften, jetzt auch Mainz – Watford, wahrscheinlich so ein zentrales Element auch so einnimmt

Herr E : Ja, das ist richtig.

I: weil sich ja auch gerade auf die Jugend konzentriert werden soll.

Herr E : Ja, unbelastet, unbefangen, also frei denken, unvoreingenommenes Denken. Es soll da ein frischer Wind rein. Natürlich bekommen auch die englischen Schüler und Schülerinnen über die Presse ein paar Vorurteile mit, vielleicht auch vom Elternhaus, auch von der Schule teilweise, aber sie haben dann hier die Gelegenheit, sich ihre eigene Meinung zu bilden. Zumindest mal von Mainz und der offenen Art der Menschen, die hier leben. Das ist ja ein Gebiet, das immer von vielen Völkern und Nationen durchstreift wurde. Und einige sind hängen geblieben und Kulturen haben sich vermischt. Und auch schon lange vor der Römerzeit war das so. Und .. lernen dann diese offene, herzliche Art kennen .. und .. schätzen .. und nehmen das mit als neue Information und erzählen dann in England, in ihren Familien, dann da drüber und nur so kann man also von Jahr zu Jahr, tröpfchenweise – es ist immer ein Tropfen auf den heißen Stein – dazu beitragen, dass sich Meinungen, Einzelmeinungen, ändern. Die große, der große Wurf, also die Meinung einer Nation über eine andere Nation zu ändern, das könnte man auch mit noch so vielen Schüleraustauschen nicht hinkriegen.

I: **Nehmen denn neben den Schulen auch weitere Institutionen oder Firmen oder Vereine oder so ähnliches, an diesen Austauschen teil?**

Herr E : Ja, das sind immer Einzelinitiativen. Jeder Verein organisiert das selbst. Also es gab Teilnahmen vom SV Weisenau an Fußballturnieren in Watford, in den Sommerferien. Das hat man zweimal durchgeführt. Das war 2008/ 2009. 2007 ist die B2-Jugend von Mainz 05 nach Watford gefahren, eine Woche .. und hat dort Freundschaftsspiele bestritten gegen den Watford FC. Allerdings fand kein Gegenbesuch bislang statt.

I: **Da wird noch drauf gewartet, oder?**

Herr E : Ja genau, das wird immer noch möglich sein und willkommen sein. Auch der Präsident ist da offen. Aber es muss natürlich auch gewollt sein, bzw. es muss einer die Initiative ergreifen. Wir können von uns aus sagen, wir fahren rüber, organisieren das, aber den Gegenbesuch kriegen wir nicht auch noch initiiert.

I: **Klar.**

Herr E : Weisenau war so, dass dann der Partnerverein, der kam dann einmal rüber, die Gateside Rangers sind dann einmal .. nach Mainz gekommen. Dann sind Tischtennisvereine von Drais, soweit ich weiß, einmal rüber gefahren. Was dem ganzen fehlt, ist so ein bisschen die Nachhaltigkeit. Das passiert mal ein/zwei Jahre und dann schläft es wieder ein.

I: **Das heißt, das sind mehr so Einzelaktionen?**

Herr E : Einzelaktionen, ja. Wo auch noch neben dem Schüleraustausch Nachhaltigkeit festzustellen ist, ist bei den christlichen Gemeinden. Es gibt eine evangelische Gemeinde in Gonsenheim, die mit einer christlichen Gemeinde in Watford jährlich Austausch betreibt. Die besuchen sich auch ständig gegenseitig. Also jährlich fahren die hin und besuchen im gleichen Jahr Mainz zurück. Das ist sehr sehr intensiv und ist auch gleiches ist auch mit St. Ignaz, dem katholischen Kirchenchor von St. Ignaz. Die fahren rüber, singen da, singen gemeinsam und die kommen uns auch besuchen.

I: **Beteiligen sich auch irgendwie Firmen oder Unternehmen?**

Herr E : Bislang noch nicht.

I: **Gab es auch nie?**

Frau S : Doch. Und zwar kommen aus Watford des öfteren junge Auszubildende oder Schüler und sind in der Mainzer Volksbank und machen da Praktikum.

Herr E : Ah ja, okay.

Frau S : Hat die Sabine erzählt.

Herr E : Okay.

Frau S : Also eine Mainzer Firma macht da mit. Also die Mainzer Volksbank. Die nehmen dann Praktikanten auf.

I: **Aber das ist dann nur einseitig?**

Frau S : Ja, ist leider nur einseitig.

I: **Wie ist das mit der Unterbringung so generell? Ich mein, Sie hatten ja gesagt, das sind Sportvereine und Schulen, das sind ja alles Jugendliche in der Regel. Werden die in Familien untergebracht?**

Herr E : Das ist das, was wir wünschen, damit sie das Familienleben kennenlernen. Bei den Sportvereinen, die bisher in Mainz waren – da rede ich in der Zeit ab 2007 – ... da war es so, dass die Schüler, bzw. die jungen Fußballspieler, zusammen bleiben wollten. Und die wollten nicht einzeln oder zu zweit auf Familien aufgeteilt werden. Und die hatten dann den Wunsch, dass sie in einer Turnhalle übernachten können. Und .. dann hatte ich dann auf der Zitadelle eine Turnhalle organisiert. Das war dann mit Frühstücksraum, das war dann okay. Dann mussten wir noch ein paar Matratzen besorgen, dass man da nicht auf dem blanken Boden liegen muss. Das ist dann .. zweimal der Fall gewesen.

I: **Aber in der Regel kommen die alle in Familien dann immer unter? Obs vom Sportverein ein Austausch ist oder von der Schule**

Herr E : Ja, von der Schule ist es immer in Familien. Immer. Das geht gar nicht anders. Da ist ja auch das Ziel, dass die Kinder Deutsch sprechen .. die englischen Schüler. Und dass sie auch das Familienleben kennen lernen, Kultur kennen lernen und dass vielleicht auch mal mit der Familie .. ein Ausflug gemacht wird oder eine Aktivität. Also, dass die beiden Schüler, also der deutsche und der englische Schüler, oder Schülerin, zusammen mit den Gasteltern unterwegs sind.

I: **Können Sie schätzen, welche Verkehrsmittel so genutzt werden, um den Austauschort zu erreichen? Also überwiegend**

Herr E : Also überwiegend beim Schüleraustausch ist es das Flugzeug. Bei den Sportvereinen, wenn nur eine Mannschaft .. unterwegs ist, dann .. wird auch geflogen. Wenn zwei Mannschaften gleichzeitig unterwegs sind, dann rentiert sich halt ein Bus. Also Bus oder Flugzeug. Bei den privaten Austauschen, wie … also wenn nur so 5/6 Personen unterwegs sind, da fährt man auch den privaten PKW.

I: **Sie hatten jetzt schon angedeutet, dass .. wenn die Watforder - sagt man das so?**

Herr E : Ja, Watfordians sagen wir. ((lachend))

I: **((lachend)) Watfordians. Wenn die Watfordians nach Mainz kommen, dass die dann teilweise hier Deutsch sprechen, Deutsch sprechen sollen, das heißt sie lernen dort drüben auch Deutsch in den Schulen? Oder der Teil zumindest, der rüber kommt.**

Herr E : Also die Schüler ja. Die Schüler lernen Deutsch, definitiv. Vereinzelt ist es auch bei Erwachsenen zu beobachten. Es gibt dort so etwas ähnliches wie die Volkshochschule .. University of Third Age, und die haben dann *Walk and Talk in German*, da wandern die den halben Tag und während der Wanderung wird Deutsch gesprochen .. und so, dass man da ein bisschen in Übung bleibt. Das ist ein, einmal oder zweimal im Monat?

Frau S : Einmal im Monat.

Herr E : Einmal im Monat, ja. Aber es gibt dann auch andere deutschsprachige Angebote dann in Watford. Die Schüler sollen natürlich hier ihre Deutschkenntnisse erweitern, das in der Praxis nicht immer so konsequent durchgehalten wird, weil die deutschen Schüler hier, die Mainzer Schüler und Schülerinnen, die wollen ihr Englisch verbessern. ((lachend)) Die haben ein ganz anderes Interesse und können besser Englisch sprechen als die Engländer Deutsch.

I: **Weil das da nicht so konsequent angeboten**

Herr E : Nicht so häufig. Wir haben viel mehr englischsprachigen Unterricht wie die mit zweiter oder dritter Fremdsprache Deutschunterricht haben.

I: **Und fangen vielleicht auch später an.**

Herr E : Und fangen später an. Das heißt bei gleichem Alter können die deutschen Schüler und Schülerinnen besser Englisch sprechen, sodass man, um es sich einfach zu machen, dann oft .. darauf einigt, Englisch, sich auf Englisch, auch in Mainz, zu unterhalten. Was nicht .. in dem Sinne der Lehrer ist.

I: **((lachend)) Das glaube ich, ja.**

Frau S : Weil das Problem ist, die lernen nicht mehr so viel Deutsch in der Schule. Die erste Sprache ist dann auch Französisch oder Spanisch und Deutsch ist dann meistens nur unter ferner liefen. Die eine Schule hat es ja ganz aufgegeben und deswegen ist dann auch kein Austausch mehr mit dem Maria Ward-

Gymnasium mehr möglich. Also die Sprache Deutsch ist in England nicht mehr so aktuell, wie sie mal war.

I: **Das heißt, das ist auch so ein wichtiges Kriterium für den Austausch, dass an der Partnerschule Deutsch unterrichtet wird?**

Herr E : Nicht mehr. Also früher war das mal so. Bis vor 3/4 Jahren .. war das ein Kriterium, dann hat aber der britische Gesetzgeber das Schulgesetz geändert und hat gesagt: Es ist nur noch eine Fremdsprache Pflicht. Vorher waren zwei Fremdsprachen Pflicht, um das englische Abitur zu machen. Und wenn nur noch eine Fremdsprache Pflicht ist – und jeder weiß, es immer eine sehr mühsame Arbeit, die Vokabeln zu lernen, die Grammatik zu lernen – und dann war jeder Schüler froh, wenn er eine Sprache abwählen konnte. Und dann hat man als Weltsprache Spanisch, was sehr verbreitet ist, genommen, oder Portugiesisch, manche nehmen auch Chinesisch, sodass man da - je nach dem, was an der jeweiligen Schule angeboten wird … wenn sich dann nur noch drei, oder sehr sehr wenige für Deutsch interessieren, dann wird das eingestellt. Wobei, wie gesagt, das ist ein schönes Beispiel dafür, wie der Gesetzgeber so etwas steuern kann und welche Auswirkungen das hat, in ganz andere Bereiche, also die Verästelung, das gibt ja eine ganz feine Verästelung bis auf die Städtepartnerschaften hinaus und den Austausch der Menschen untereinander.

I: **Wissen Sie, oder gibt es Besuche auch außerhalb der offiziellen Austauschprogramme .. so Privatfahrten?**

Herr E : Gibt es auch. Also .. ein Mitglied unseres Freundschaftskreises hat eine Freundin in Watford und da gibt es dann Privatfahrten bzw. –flüge in beide Richtungen.

I: **Können Sie schätzen, wie viele Besucher, Austauschteilnehmer jährlich an diesen Austauschprogrammen teilnehmen? Ungefähr.**

Herr E : Also da müsste man mal rechnen. Eine Schulklasse, ungefähr 20 Personen. Das sind dann schon mal 40. … 40! Dann das RaMa [Rabanus Maurus-Gymnasium in Mainz; Anm. des Autors] kann man vielleicht mitrechnen, sind 60. Das RaMa hat mit dem Nachbarort, mit Rickmansworth, das ist ein Nachbarort von Watford, auch einen Schüleraustausch, einen sehr aktiven seit Jahrzehnten. Sind 60. Dann .. der Chor.

Frau S : Kirche und Chor.

Herr E : Der Chor. Das sind dann vielleicht auch 100. 100 .. dann nochmal, so 120. Ich schätze mal so .. zwischen 150 und 200 Personen.

I: **Da sind die Gegenbesuche jetzt auch schon eingerechnet?**

Herr E : Ja, genau.

I: **Ah, okay.**

Frau S : Also hin und her.

Herr E : Hin und her. Also mit Gegenbesuchen würde ich so sagen, so ca. 200 Personen.

I: **Jetzt gibt es so eine These, die hat eine Frau Fiedler mal aufgestellt, die besagt, dass solche Austauschprogramme oder generell Städtepartnerschaften von Leuten unter 18 und über 45 hauptsächlich getragen werden. Können Sie dem zustimmen?**

Herr E : Unter 18 ist Schüleraustausch.

I: **Fällt ja irgendwie rein.**

Herr E : Ja, also das kommt im wesentlichen hin. Das hängt auch mit darin zusammen, also .. es gibt eine Phase .. nach 18 ist man dann noch mit der Lehre bzw. mit der Berufskarriere beschäftigt. Andere studieren noch zu der Zeit. Mit Ende des Studiums, so Ende 20, Anfang 30, muss man sich dann auch um seinen Job kümmern, ja, und sein berufliches Fortkommen und hat wenig Zeit für ehrenamtliche Aktivitäten. Das haben dann eher die Lehrer, bei Lehrern würde ich sagen, da gibt es, da ist es durchgehend. Da kann auch ein Lehrer 35 oder 40 sein .. oder 28. Das ist ganz egal, weil die sind ja Teil der Schülerbetreuung. Aber die will ich mal rausnehmen. Und dann später, wenn man .. die Kinder groß gezogen hat, die aus dem gröbsten raus sind und vielleicht auch die Schule beendet haben und dann denkt man wieder an andere Dinge, an andere ehrenamtliche Tätigkeiten oder will seine Lebenserfahrung weitergeben und seine Kontakte nutzen. Das kommt gut hin, das sind verschiedene Lebensphasen, auf denen diese These basiert. Kann ich sehr gut nachvollziehen.

I: **Dann scheint das zu stimmen.**

Herr E : Jaja.

I: **Gut. .. Wie profitiert die Stadt Mainz von dieser Partnerschaft?**

Herr E : Wie profitiert die Stadt Mainz von dieser Partnerschaft. Also ich würde sagen, früher, damit meine ich bis Ende der 80er Jahre, hat sie sehr viel davon profitiert. Politisch auch, weil auch die Politiker sich sehr häufig getroffen haben. Sie sind fast jährlich in beide Richtungen gefahren.

I: **Jetzt nicht mehr?**

Herr E : Jetzt nicht mehr. Schon seit etlichen Jahren nicht mehr. Wir hatten 2006 das 50-jährige Jubiläum .. und bei dieser Reise war ich dabei. Und war auch beim Empfang der britischen Bürgermeisterin von Watford, Dorothee Thornhill, auch mit eingeladen, als sie hier zu Gast war und das Jubiläum hier gefeiert hat. Und .. seit dieser Zeit gab es keine Reise mehr über den Ärmelkanal. Auch aus Kostengründen. Die Stadt Mainz hat ja über eine Milliarde Euro Schulden und dann wird ja in jeder Hinsicht gespart. Die Stadt Watford hat auch Schulden, hat auch ein dementsprechendes Schreiben an die Stadtverwaltung Mainz gerichtet, an den Oberbürgermeister Beutel damals noch, und hat gesagt: Also wir können das, unsere .. Austausche nicht mehr finanziell unterstützen.

I: **Sagt die Stadt Watford.**

Herr E : Die Stadt, sagt die Stadt Watford, ja.

I: **Unterstützt denn die Stadt Mainz die Schüleraustausche, die Austausche der Vereine?**

Herr E : Ja.

I: **Das wird finanziell unterstützt?**

Herr E : Das wird, wenn auch in geringerem Umfang als früher, aber es wird nach wie vor unterstützt. Also es gibt einen Empfang für die Schüler im Rathaus, auch für andere Gäste, die aus Watford kommen, aus der Partnerstadt kommen und Mainz besuchen. Wenn es angekündigt wird, dann richtet es die Stadt Mainz ein und ein Beigeordneter, manchmal auch der Oberbürgermeister persönlich, richten dann den Empfang aus, hält eine kleine Rede und manchmal wird auch noch zum Mittagessen eingeladen. Manchmal gibt's Brezeln und Saft. Bei Erwachsenen auch einen Schluck Wein, das passiert dann schon. Und dann .. wenn der Freundschaftskreis Gäste aus Watford hat, dann bekommen wir einen Zuschuss für ein Abendessen. Der ist nicht kostendeckend ((lachend)), aber immerhin eine Unterstützung. Und wenn .. einmal kam eine Fußballmannschaft während des Johannisfestes zum Fußballturnier hier nach Mainz und die bekamen dann Gutscheine für eine Cola und einen Essensgutschein. Der wurde dann auf dem Johannisfest eingelöst. Ja, das passiert. Und das darf ich nicht vergessen: jede Gruppe bekommt eine Stadtführung auf Kosten der Stadt Mainz, ja. Die muss auch bezahlt werden an den Verkehrsverein. Die haben ja auch Kosten durch den privaten Gästeführer und dann bekommen die schon etwas von der Stadt zu sehen.

I: **Dann habe ich im Prinzip nur noch eine Frage, eine Abschlussfrage. Wie bewerten Sie die Partnerschaft zwischen Mainz und Watford? Zufrieden damit, oder?**

Herr E : Also, ich finde gut, dass es diese Städtepartnerschaft gibt, weil nach wie vor Vorurteile bestehen auf beiden Seiten des Kanals. Man könnte aber noch wesentlich mehr tun. Mehr tun, damit meine ich nicht gleichzeitig, dass man auch mehr Geld in die Hand nehmen muss. Man kann auch eine Email schreiben oder einen Brief. Man kann einfach Kontakt halten.

I: **Das heißt, es muss nicht immer der Austausch, der persönliche Austausch sein?**

Herr E : Ganz genau. Die Oberbürgermeister oder die Dezernenten könnten sich auch mal was schreiben, ja: „Wie läuft's bei euch, wir haben die und die Probleme oder wie habt ihr das gelöst?“ Einfach einen Erfahrungsaustausch machen, einen internationalen Erfahrungsaustausch. Etwas, was wir uns vom Freundschaftskreis aus wünschen, dass man einfach kooperiert. Und ich war auch, und das hätte ich jetzt beinahe unterschlagen .. einmal waren wir mit der Polizei, mit dem Polizeipräsidium Mainz in Watford und haben das dortige Polizeipräsidium besucht. Eine Woche lang und das war sehr sehr ergiebig, sehr erfolgreich und einmal haben wir dann auch den Gegenbesuch bekommen von den Bobbies aus Watford. Und da waren dann verschiedene Ränge vertreten, ja, und das war sehr sehr fruchtbar und das hätte die Mainzer Polizei auch gerne fortgeführt. Aber die Engländer .. hatten dann für die Reisekosten keine Mittel mehr. Da wurde das Budget zusammengestrichen. Insgesamt sind wir mit dem Inhalt der Qualität der Partnerschaft nicht so sehr zufrieden. Da wünschen wir uns mehr. Da orientieren wir uns auch an der sehr sehr intensiven Partnerschaft Mainz – Dijon, die … sehr bunt ist, sehr reich ist mit dem Burgundermarkt, mit Weinproben, mit Kunstaustellungen, wechselseitig in beiden Städten. Und diese Partnerschaft hat definitiv zum Beispiel auch einen Einfluss auf den Tourismus nach Mainz und nach Dijon. Und da gibt es unzählige private Kontakte .. und .. Begegnungen, Austausch auch übers Jahr, Telefon, Brief, Email, alles mögliche, ja. Davon träumen wir noch ein bisschen. Also in Sachen Tourismus würde ich sagen, hat die Städtepartnerschaft mit Watford keinen Einfluss, also keinen nennenswerten Einfluss. Und wir wünschen uns mehr ideelle Unterstützung durch die Stadt Mainz, dass man da ein bisschen mehr Rückenwind bekommt. Nicht unbedingt mehr Geld. Das ist nicht das Thema, sondern einfach mehr Unterstützung dahin gehend, die haben ja auch eigene Kontakte nach Watford, die der Freundschaftskreis nicht hat, die wir nicht kennen und die uns bislang nicht zur Verfügung gestellt werden. Wenn wir fragen: „Habt ihr da jemanden in der und der Richtung?“, dann kriegen wir eine Antwort. Aber es ist kein proaktives Zugehen auf uns, seitens der Stadt.

I: **Also, dass die mal zu Ihnen kommen?**

Herr E : Ja, wir müssen irgendwie die Idee haben: „Habt ihr da Kontakte in die und die Richtung, zu der und der Wirtschaftsbranche, wie auch immer oder nicht, zu den Politikern oder nicht?“ Und .. das ist .. nicht der Fall, da findet keine Kommunikation statt und das ist schade. Deswegen hatten wir ja auch schon eigene Ideen entwickelt, eigene Projekte aufgesetzt. So hatten wir zum Beispiel im Jahr 2010 oder `11, war der Wirtschaftstag Großbritannien?

Frau S : 2011.

Herr E : 2011 hatten wir in Zusammenarbeit mit der IHK Mainz, IHK Rheinhessen muss ich genauer sagen, war der Wirtschaftstag Großbritannien im Mai 2011 mit einer großen Delegation aus Watford, sogar mit dem Richard Harrington, Member of Parliament, für Watford, für den ganzen Bereich, für die Grafschaft zuständig ist .. und wo die Mainzer Firmen eingeladen worden sind, nach Watford zu kommen, zur Chamber of Commerce, um da einen Wirtschaftstag Germany durchzuführen, Kontakte zu englischen Firmen, auch außerhalb von Watford, zu knüpfen, um da Geschäftsbeziehungen entstehen zu lassen. Das war eine sehr erfolgreiche Veranstaltung, die aber auch keine Nachhaltigkeit hatte. Was wir jetzt neu anregen und das ist jetzt gerade im Aufbau als neues Projekt. Sie wissen ja, uns mangelt es an geeigneten Schülern für bestimmte Ausbildungsberufe. Und man schielt jetzt schon in die Länder mit einer sehr hohen Arbeitslosigkeit wie Spanien, Griechen - also Jugendarbeitslosigkeit – Spanien, Portugal, Griechenland, ja. Und unsere Idee ist, doch auch mal nach England zu schielen.

I: Das ist ein neuer Ansatz, ne?

Herr E : Ja, ganz genau. Denn die sind uns von der Mentalität doch deutlich näher als Spanier oder Portugiesen, wobei ich das nicht werten will. Sondern einfach von der Kultur her und auch vom Vokabular liegt uns das näher. Und die englischen Schüler, die die Schule abgeschlossen haben, die bringen dann schon perfekte Englischkenntnisse mit, brauchen das nicht mehr zu lernen. Dann nur noch ein bisschen Deutsch. Haben genügend Kenntnisse in den naturwissenschaftlichen Fächern und anderen Fächern, die man hier für die jeweilige Ausbildung braucht und die könnten dann über Deutschkurse, entweder in Watford oder hier an der Volkshochschule, dann Deutsch lernen. Könnten hier auf die Berufsschule gehen und das was sie nicht in Deutsch verstehen, könnten sie von ihren Mitschülern und Mitschülerinnen auf Englisch erklärt bekommen.

I: Klar.

Herr E : Ja. Das wäre eine Win-Win-Situation in beide Richtungen.

I: Wissen Sie denn, ob es Interesse gibt in England?

Herr E : Es gibt großes Interesse, ja. Die haben .. also wir haben mit diesem Projekt vor einem Vierteljahr begonnen und haben sehr sehr positive Rückmeldungen bekommen. Es gibt auch einen Arbeitskreis in Watford. Der nennt sich „Watford Grows“, also .. Wachstum in Watford, und die haben das auch befürwortet. Auch der Richard Harrington hat das befürwortet und zeigt großes Interesse und das wird wohl dazu führen, dass wir auch mal demnächst wieder nach Watford fliegen, ja. Um dann einfach auch mit dem Arbeitskreis „Watford Grows“ zu sprechen, mit der „Chamber of Commerce“ zu sprechen und dann auch mal in die Schulen dort zu gehen. An die dortigen Realschulen und Gymnasien, um dafür zu werben. Und da verfolgen wir noch einen ganz anderen Gedanken, weil die wissen ja dann, diejenigen die Interesse haben, eine dreijährige Ausbildung hier zu machen, die sehen dann Deutschland.

I: **Klar.**

Herr E : Und über diesen Weg, über dieses Lockangebot, hier eine vernünftige Ausbildung zu bekommen, können wir das Interesse an der deutschen Sprache an den englischen Schulen wieder wecken.

I: **Das heißt, sie versprechen sich nachhaltig auch davon, wieder mehr Schüleraustausche zu machen.**

Herr E : Mehr, mehr Schüleraustausche und wieder, dass Deutsch wieder als Sprache dann bevorzugt gewählt wird. Aber da setzen wir an bei den Schülern der sechsten und siebten Klasse. Also wieder wie damals, in den 50er Jahren, ganz ganz unten. Also was bei den jüngeren Jahrgängen was werden, bei den jüngeren Jahrgängen, damit es wieder von unten nach oben wachsen kann. Wie eine Pflanze. Weshalb ist das so interessant für die Briten nach Deutschland zu kommen? Die haben keine dreijährigen Ausbildungsberufe. Die haben keine Handwerkskammer und keine Industrie- und Handelskammer. Die Ausbildung anbieten, die eine Prüfung nach drei Jahren, die haben zwar eine „Chamber of Commerce", aber die begleiten keine Berufsausbildung. Und das ist, ich will nicht sagen einzigartig, andere Länder haben etwas ähnliches als wir. Aber die Briten haben das zum Beispiel nicht.

I: **Okay.**

Herr E : Und die sind, also die gucken ein bisschen neidisch auf unser Ausbildungssystem, gerade auf das berufsbezogene Ausbildungssystem. Auch das Thema Fachhochschule spielt da mit rein. Das haben die in dieser Form auch nicht und würden gerne dann in unserem Ausbildungssystem antizipieren. Und nach drei Jahren können die gut ausgebildeten .. ja, Berufsanfänger, so zu sagen, wieder nach England zurück.

I: **Okay, also der Plan ist es nicht, die längerfristig auch hier zu behalten. Die sollen**

Herr E : Wer bleiben will, darf bleiben. Wir sind in der Europäischen Union. Wer bleiben will, darf bleiben. Das habe ich auch mit einem Augenzwinkern natürlich auch im Hinterkopf.

I: **Das ist ja auch so ein Punkt in Deutschland mit dem Fachkräftemangel und so.**

Herr E : Ja, wenn die mal da sind und können Deutsch sprechen, sind drei Jahre hier und haben dann vielleicht auch eine Freundin hier, dann wird es schwer ((lachend)), wieder nach England zurück zu gehen. Es wird .. erstmal muss das Projekt anlaufen. Wenn es greift, werden doch einige hier bleiben. Einige werden wieder zurück kehren. Einige werden vielleicht auch ihre deutsche Freundin mit nach England nehmen, ja. Also da werden wahrscheinlich alle Facetten wahrscheinlich zutreffen.

I: **Dann wollen wir mal schauen, wie sich das entwickelt.**

Herr E : Jaja, jaja.

I: **Gut, dann denke ich, können wir das Interview hier beenden.**

Herr E : Okay.

I: **Ich bedanke mich sehr herzlich dafür.**

Interview zur Städtepartnerschaft Wiesbaden – Tunbridge Wells

Schriftliches Interview

Datum des Interviews: 24.07.2013

Interviewte Person: P , Vorstandsmitglied der Tunbridge Wells Twinning & Friendship Association

I: **B. Fieber schreibt in ihrer Dissertation („Internationale Gemeindepartnerschaften“ 1994: 99), dass die meisten Teilnehmer an partnerschaftlichen Aktivitäten entweder unter 18 Jahre oder über 45 Jahre alt sind. Würden Sie dem zustimmen?**

Frau P : Sicherlich, obwohl ich das nicht mit Zahlen belegen könnte. Unsere Mitglieder (ca. 100) sind fast alle im Rentenalter.

I: **Welchen Einfluss hat die Partnerschaft auf den Tourismus in Tunbridge Wells?**

Frau P : Ich würde schätzen zwar einen positiven, aber relativ kleinen Einfluß.

I: **Welche Gewerbe profitieren am meisten/ am wenigsten von der Partnerschaft?**

Frau P : Vermutlich Gaststätten/Hotels/Einzelhandel/Freizeitindustrie am meisten.

I: **Gibt es neben den Gästen aus Wiesbaden noch weitere deutsche Besucher/Touristen in Tunbridge Wells? (wenn ja, wie viele circa jährlich?)**

Frau P : Bestimmt viele, Südostengland ist beliebt bei deutschen Besuchern. Viele dürften eher auf der Durchreise sein, d.h. Tagestouristen, z.B. Busfahrten zu den Gärten Englands (wie Sissinghurst) oder Touristen auf dem Weg nach Cornwall/Devon. Zahlen müßte ich erst erfragen (siehe Email), falls es solche gibt. Man muß bedenken, daß es viele Auslandsdeutsche gibt, die hier leben (wieder habe ich keine Zahlen), die bestimmt Besuch aus Deutschland erhalten.

I: **Können Sie schätzen, wie groß der Anteil von Besuchern aus Wiesbaden am gesamten Tourismus in Tunbridge Wells, bezogen auf ein Jahr, ist?**

Frau P : Vermutlich relativ gering.

I: **Glauben Sie, dass sich eine Städtepartnerschaft wie die von Wiesbaden und Tunbridge Wells ohne Austauschprogramme am Leben erhalten lässt?**

Frau P : Schwerlich, solche Programme betrachten wir als einen wichtigen Teil unserer Aufgabe. Dennoch hat es Zeiten gegeben, wo auf diesem Gebiet nichts gelaufen ist und die Partnerschaft ist trotzdem bestehen geblieben. Wünschenswert ist das aber nicht.

I: **Aus den Unterlagen, die Sie mir haben zukommen lassen, war zu erkennen, dass es einen Praktikanten-Austausch zwischen den Städten gibt, an dem sich ansässige Firmen beteiligen. Gibt es daneben weitere Kooperationen zwischen Firmen/Unternehmen aus den beiden Städten?**

Frau P : Mir sind keine bekannt, aber solche Verbindungen würden wahrscheinlich nicht durch uns zustande kommen. Da wäre der Handelskammer vermutlich der geeignetere Ansprechpartner.

I: **Sind Sie zufrieden mit der partnerschaftlichen Zusammenarbeit?**

Frau P : Sehr zufrieden. Die Stadt Wiesbaden unterstützt uns bei unserer Arbeit tatkräftig, wofür wir sehr dankbar sind.

ROYAL TUNBRIDGE WELLS – WIESBADEN
VEREINIGUNG E.V.

44

Pressemitteilung

50 Jahre Städtefreundschaft mit der englischen Stadt Royal Tunbridge Wells in der Grafschaft Kent – Trauer in Royal Tunbridge Wells und in der Landeshauptstadt Wiesbaden. Friedensstifter und ex-soldier Tom McAndrew verstorben.

crö. – Am 28. April 2010 hat im council – Stadtrat - der englischen Partnerstadt Royal Tunbridge Wells Prof. Michael Holman an den 50. Jahrestag des Bestehens der freundschaftlichen und heutigen partnerschaftlichen Verbindungen zur hessischen Landeshauptstadt Wiesbaden erinnert und gleichzeitig die Trauer um das Ableben des letzten Begründers der Partnerschaft zwischen beiden Städten Tom McAndrew, dem früheren Präsidenten und Ehrenpräsidenten ausgesprochen.

Prof. Michael Holman ist der Präsident des Partnerschaftsvereins in Royal Tunbridge Wells.

Tom McAndrew war der entscheidende Vater des englischen Partnerschaftsvereins und der Partnerschaft zur Landeshauptstadt Wiesbaden. Er starb am 09. April 2010, drei Wochen nach seinem 84. Geburtstag.

In Royal Tunbridge Wells und der Landeshauptstadt Wiesbaden trauern viele Freunde der beiden Städte und insbesondere die Partnerschaftsvereine in Dankbarkeit, erklärte dazu Claus Rönsch, der chairman - 1. Vorsitzender - des Wiesbadener Partnerschaftsvereins.

In Wiesbaden war es der frühere Fallschirmjäger Edgar Pinkert, der 1959, laut einem TV-Bericht, in Wiesbaden Fred Thornton - ex-Guardsman - 1st Battalion Coldstream Guard – begegnete, ihn kennen und schätzen lernte und mit ihm gemeinsam die Idee der Verbindung zwischen den beiden Städten entwickelte.

Im März 1960 machten sich die vier ex-soldiers William Murray, Harold Hooker, Fred Thornton und Tom McAndrew aus der heutigen englischen Partnerstadt Royal Tunbridge Wells auf den Weg in die hessische Landeshauptstadt Wiesbaden.

Alle vier hatten in den letzten Tagen des 2. Weltkrieges an heftigen Kämpfen am Rhein teilgenommen.

Sie wollten einen beispielhaften Beitrag nach dem Ende des Zweiten Weltkrieges zur Verständigung und Versöhnung zwischen den beiden früheren Kriegsgegnern leisten. Das ist ihnen am Ende ihres Weges über Schützengräben und Kriegsgräber überzeugend gelungen.

- 2-

Seite 02 der Pressemitteilung zum 50. Jahrestag der Städtefreundschaft und heutigen Partnerschaft zwischen der englischen Stadt Royal Tunbridge Wells in der Grafschaft Kent und der hessischen Landeshauptstadt Wiesbaden vom 10. Mai 2010

Sie wollten Botschafter für den Frieden und der Völkerfreundschaft zwischen beiden Völkern werden. Sie haben es erreicht.

In ihrem Gepäck war ein Brief des Mayors – Bürgermeister – Glanfield mit der Mission, die Bitte für eine bessere und größere Verständigung zwischen unseren beiden Ländern an den Lord Mayor – Oberbürgermeister der Landeshauptstadt Wiesbaden – Georg Buch zu überbringen.

Die Überzeugung der vier ex-soldiers war, Freunde in Wiesbaden zu gewinnen und die Wunden des Krieges zu überwinden, sowie einen Beitrag für eine bessere und friedlichere Welt zu leisten.

Das ist ihnen zwischen unseren beiden Partnerstädten überzeugend gelungen, erklärte dazu der chairman des Wiesbadener Partnerschaftsvereins Claus Rönsch.

Schon bald besuchten sich ehemalige Kriegsteilnehmer in Wiesbaden und Tunbridge Wells.

1962 waren 200 von ihnen mit ihren Familien zum ersten Mal in der hessischen Landeshauptstadt Wiesbaden.

Im Karneval/Fastnacht, im Sport und bei anderen Anlässen gibt es dauerhafte Freundschaften und jährliche gegenseitige Besuche. Die Roten Herolde haben dabei in den Anfängen eine bedeutende Aufbauleistung erbracht.

Am 25. November 1970 wurde zwischen den beiden Städten ein Vertrag über eine Städtefreundschaft abgeschlossen. Im April 1989 erhielt diese Verbindung den Status einer Städtepartnerschaft.

In diesem Sommer nimmt die Bloco Fogo Samba Band wieder am Schiersteiner Hafenfest 2010 teil.

Im Rahmen dieses Besuchs wird die Royal Tunbridge Wells – Wiesbaden Vereinigung das 50-jährige Bestehen der freundschaftlichen und partnerschaftlichen Verbindung feiern.

Die Hockey-Jugend des Deutschen Hockey Clubs Wiesbaden e.V. – DHC – wird vom 06. bis 11. Juni 2010 in der Partnerstadt in England sein.

Wir werden in Erinnerung an die Begründer unserer Partnerschaft, die ex-soldiers der Royal Marines William Murray, Harold Hooker, Fred Thornton, und Tom McAndrew, diesen Weg in Dankbarkeit gemeinsam weiter beschreiten. Zusammen mit Edgar Pinkert und seinen Kameraden in Wiesbaden, haben sie 1960 die Tunbridge Wells-Wiesbaden-Fallschirmjäger-Vereinigung gegründet, und damit den Grundstein für die heutige Partnerschaft zwischen Tunbridge Wells und Wiesbaden gelegt.

Wir sind diesen Gründern zu Dank verpflichtet, in der Landeshauptstadt Wiesbaden und in Royal Tunbridge Wells.